COLOR IN GARDEN DESIGN
花园植物色彩搭配

张万清　杨春起　程东宇　主编

中国林业出版社

花园植物色彩搭配 编委会

主　编： 张万清　杨春起　程东宇

编　写： 张万清　杨春起　程东宇　金　环　李　婷
　　　　　史东霞　徐　扬　马淑霞　孙维娜　陈　磊

摄　影： 玛格丽特

编　校： 赵芳儿　淑　祺

COLOR IN GARDEN DESIGN

图书在版编目（CIP）数据

花园植物色彩搭配 / 张万清，杨春起，程东宇主编. – 北京：中国林业出版社，2018.10

ISBN 978-7-5038-9804-4

Ⅰ.①花… Ⅱ.①张…②杨…③程… Ⅲ.①园林植物—景观—色彩—园林设计 Ⅳ.①TU986.2

中国版本图书馆CIP数据核字(2018)第239648号

责任编辑： 印　芳　邹　爱
出版发行： 中国林业出版社（100009 北京西城区刘海胡同7号）
电　　话： 010-83143571
印　　刷： 固安县京平诚乾印刷有限公司
版　　次： 2018年11月第1版
印　　次： 2018年11月第1次印刷
开　　本： 710mm×1000mm　1/16
印　　张： 15
字　　数： 336千字
定　　价： 88.00元

前言

色彩是人们对事物的第一视觉感受，即使是牙牙学语的幼儿也能感受到红色的玫瑰与黄色的向日葵，对色彩也有自己的偏好。

花园的建造也一样。通过不同的色彩搭配，主人不仅可以赋予花园独特的风格，带给人不同的感受，还能运用色彩来巧妙地处理空间，使小空间在视觉上变大，也可以让大空间变得更加私密。

想要在花园中成功地运用色彩，首先就要掌握与色彩有关的原理。在花园的色彩运用上有单色系、相邻色、互补色、对比色等四种，每种都会呈现不一样的效果。植物颜色的深浅、季相变化的特点以及光照对色彩的影响等也会使你的花园灵动有趣变化万千，还能影响人的情绪，境由心生，一眼望过去风景如画，眼里和心里尽是美的感受。这样的一片空间，能让人的心灵平和抚慰，也让人更多的思考自然与人的关系。

植物是花园景观最基本的素材，本书还按色彩将植物分类，方便读者挑选自己的植物目标，打造心仪的花园。比如，如果你想建造一个白色主题的花园，你可以轻松地从白色系花材中选择相应的植物来搭配组合，而不用去考虑我喜欢的楼斗菜是不是有白色的？当然，每种植物的生态习性、养护特点也有分别的介绍。

准备好了吗？跟着我们一起，来建一个属于你性格色彩的花园吧！

编者
2018.9

目录

色彩与花园
001

植物的色彩
011

前言

认识色彩	002
常用的花园植物色彩搭配方式	004
光对植物色彩的影响	008

黑色	012	橙色	024
白色	013	黄色	025
灰色	016	紫红色	027
红色	017	蓝色	029
绿色	020	紫色	031
粉色	021		

花境色彩搭配案例分析

035

常用花境植物

139

白色	037
粉色	053
红色	065
黄色	075
橙色	087
蓝色、紫色	095
复色	123

索引	**231**
参考文献	**233**

色彩与花园

Color & Garden

Part 1

毋庸置疑，色彩是所有花园中的重要元素，且对于设计师来说，懂得如何最大限度地运用色彩就会如虎添翼。色彩不仅可以使花园变得更有趣，而且还可以引起人们的情绪变化。一个技术娴熟的设计师能够通过巧妙地运用色彩来处理空间。比如，可以使面积较小的花园看起来大些，或使面积过大的花园变得更加私密亲切。

想要在花园中成功地运用色彩，首先就要掌握色彩的有关原理，

认识色彩

想要在花园中成功地运用色彩,首先就要掌握色彩的有关原理。

色彩是事物最显著的表象特征。世界上的任何事物,首先映入人眼帘、给人留下第一印象的就是色彩。大自然是孕育世间多姿多彩的母亲,花草树木、山川湖泊,都有着自己独特的色彩。

我们将色彩分为两大类,即无彩色和有彩色。

无彩色指黑色、白色以及由两者用不同的比例调制出来的各种深浅不同的灰色。黑色和白色是最基础的颜色,我们将其称为原色。

有彩色是除了无彩色之外的所有的色彩。当太阳光柱穿过三棱镜时,会被分离成红、橙、黄、绿、蓝和紫等多种不同的颜色,我们称之为"光谱"。其中红、黄、蓝三种颜色是最基本的颜色,称之为三原色。其他色彩都可以用它们相互混合调配出来。比如红色和黄色混合变成橙色,黄色和蓝色混合变成绿色,而

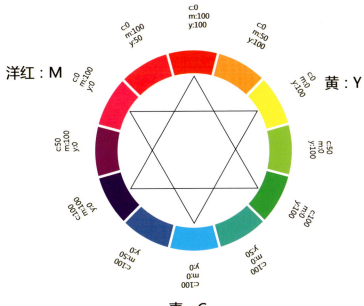

红色和蓝色混合变成紫色。在红色与黄色浑河中改变红色的量时，又可以产生橘黄色；同样改变黄色或蓝色的量也可以得到另一种绿色；改变红色的量或蓝色的量亦可以得到不同的紫色。因此，这样就可以得到大量不同的橙色、绿色和紫色。有彩色中，原色和由两种原色混合而成的单纯色彩，称为纯彩色。

有彩色具有色相、明度和彩度三个属性。

色相是指各种色彩的外观相貌。将光谱中的颜色并列形成一个色带，再将色带弯曲成环，即色相环。色相环中一半是暖色，包括红、橙和黄色，另一半是冷色，包括蓝、绿、紫和靛青。

明度是指颜色的明亮程度。色彩越亮越淡，则明度越高；色彩越暗越深，则明度越低。白色为最亮地颜色，黑色是最暗地颜色。在纯色中，黄色的明度最高，紫色的明度最低。

彩度是指颜色的鲜艳程度。无彩色没有彩度，三种原色的彩度最高。颜色越单纯的颜色，彩度越高；反之，包含的基础颜色种类越多，则彩度越低。

花园的色彩搭配与美术绘画的色彩搭配有很大的不同。绘画色彩可以随性调配，但植物的色彩却是固定的，有的一朵花上就有很多种色彩，所以更需要多尝试、多研究。

常用的搭配方式——花园植物色彩

花园植物色彩的搭配，一般概括以下三种方式。

单色系

即使用不同深浅的同一种颜色的植物搭配。有的单色系使用一种植物，比如紫色的马鞭草花境，这种方式简单易操作，但不免过于单调。也可以是同颜色的不同种植物搭配，比如橙色的菊花、金盏菊、马利筋等搭配在一起形成的花境。

单色是非常具有个性的花园配色方案。在以往植物种类不多的年代，花园追求单色配色是非常不容易的，如今随着植物种类越来越丰富，单色配色成为众多花园爱好者和设计师都希望尝试的方向。Nori & Sandra Pope就在萨摩赛特的卡里城堡附近的海斯潘建造了单色花园。他们认为，在单色设计中，可以更好地把握色彩的饱和度和色调的变化，每种色彩的魅力都能得到充分地展示。

橙色单色系花境

单色系搭配带给人的视觉效果柔和而简单。如果想视觉效果更加丰富,则最好选用形态、质感、体量、高矮都不同的多种植物搭配;或者选择不同彩度或是明度的色彩,比如浅紫色、紫色、深紫色,这样才会使花园变得更加有趣。单色花境可以营建适宜的情调,展现优美的韵律,还可以充分表现出植物的质感、形状及细微的差别。其倡导主要来源于19世纪末牧师雪利·海伯惠(Reverend Shirley Hibberd),他主张在配置花园色彩时,应用多种植物展示同一颜色的不同色调。单色系花境一度成为英国花园设计的主流,其中的几个单色系花境在园艺界已享有盛誉,比如醉赫斯特城堡花园中的白色花境。

相邻色

在进行花坛或花境设计时,选用色相环上相邻或者相近色彩的植物搭配在一起。相邻色一般都会产生和谐的视觉感受。当然,相邻色搭配有的令人舒缓、平和,有的让人激动、振奋。

比如蓝色、黄色系花的植物和常绿植物搭配,带给人的感觉是舒缓而平静的。相反地,如果将橙色系花的植物与黄色、红色系花的植物配置在一起,则可以营造出热情、活跃的协调色的效果。

英国造园师格特鲁德·吉基尔女士(Certrude Jekyll,1843-1932),是最

有影响力的花园设计师,她在植物设计中率先使用细腻而柔和的色彩,很少使用光谱中的纯色。形成了高品位的柔和风格。这也被认为是传统英式花园最典型的风格。

她准确地按照各种植物的花期,根据预期的目标配置出各种细腻的色调变化。她有时用红色、橙色和黄色组成暖色调的协调效果,有时又用蓝色、紫色和灰绿色组成冷色调的效果。

互补色

色相环上处于相对位置的颜色,我们称之为"互补色",因为彼此间有完全不同的色彩元素。红色和绿色,橙色和蓝色,黄色和紫色都互为互补色。将互补色配置在一起,会带来最令人振奋的色彩效果,因为色相环上的位置相对的颜色能够形成最为强烈的对比。

将色相环中饱和度相似的互补色配置到一起,会产生强烈的对比效果,例如柔和的紫罗兰色与柔和的黄色对比配置,可形成良好的效果。这样的规律同样适用于调和色调的配置,如银色和紫色的组合,如果浅紫色换成饱和度更高的紫色,就不会有如此良好的效果。

对比色

如果种植设计中所用植物花、叶的色彩,在色相环上并不是彼此相近的话,那就是我们通常所说的"对比色"。冷暖两种颜色通常可形成对比,比如蓝色和橙色、紫色和黄色等。

对比色配置在一起,不再令人舒心平和,而会让人产生冲突甚至不安之感,例如,马鞭草的淡紫色与黄花耧斗菜的黄色花会形成强烈的对比,因为紫色和黄色在色相环上是相对的颜色。

对比色彩案例。紫色和黄色在绿色的调和下,既有视觉冲击力,又显得和谐不突兀。

光对植物色彩的影响

　　看一场精彩的舞台剧，其灯光的影响往往决定舞台剧的成败。花园植物景观也一样受光线的影响，想象一下，秋日里一个长发飘飘的女孩，站在一片参差错落的观赏草里，如果这时候夕阳的余晖落下来，所有的景致都泛着暖暖的橙色的光辉，该是多么诗意而浪漫的景象。因此，富有经验和创造性的设计师在进行植物配置时，会将光线变化对色彩的影响考虑在内，将花园装扮得更美丽、更富有情调。

　　一般来说，清晨和傍晚的光线中，暖色光的效果增强，光线呈现出柔和的红色，因此在朝阳和夕阳可以照射到的区域，种植红色、橙色、黄色的植物，它们会在朝霞和晚霞中显得更加鲜艳、生机勃勃；但在这些区域不适宜种植蓝色、紫色、白色的植物，因为它们会在朝霞和晚霞中显得暗淡、缺乏生命力。

　　相反在晚上或者树阴下，白色和蓝色的植物则会显得非常跳跃。因此，在中午光线照射不到的地方种植蓝色、白色、紫色的植物，会让这些植物更加鲜亮。

　　北方的花园，如果想要在冬天也呈现出不俗的效果，最好的办法是配置一副好"骨架"，即选择合适的常绿和落叶乔、灌木，以及配置适宜的硬质景观。白桦树、白皮松银灰色的树干，紫杉萧瑟的身影，灰白或湛蓝的天空映衬下的各种落叶乔灌木的剪影，雨后清凉的石板路，观赏草上面的银霜冰挂等都是北方冬天最美的风景。

在夕阳照射到的区域大块的种植黄色的向日葵与红色的植物。

树荫下种植蓝色的银莲花,使得色彩更加的鲜亮。

植物的色彩

Color & Garden

Part 2

每种植物都有自己的色彩，它们共同呈现出大自然的丰富斑斓。与一般的色彩相比，植物的色彩又有其自己的特征。

我们习惯上将色彩分成三种基调，即冷色调、暖色调和中性色。

暖色：红色、橙色、黄色、粉色；

冷色：绿色、蓝色、紫色；

中性色：灰色、黑色、白色。

在植物的世界中，绝大多数都是绿色，因此在植物景观设计时，我们将绿色划入中性色，它起到调节过渡的作用。

黑色
Black

自然界中真正黑色的植物是不存在的,那些我们感觉是黑色的植物,其实都含有红色、紫色的成分。因此,培育黑色的植物成为众多育种专家的梦想。

黑色会给花园景观增添神秘的效果。作为中性色,它还可以作为其他色彩的过渡色,尤其是冷暖对比色。还可以与白色植物配置,彼此映衬,达到互补色一样的效果。黑白色系植物主题的小花园,以白色墙为背景配置效果更好。

铁筷子
P206

郁金香'夜皇后'
P140

蜀葵
P140

德国鸢尾
P141

麦冬
P141

喜林草
P142

角堇
P142

黑法师
P143

一串紫
P143

马蹄莲
P218

熏衣草
P170

矮牵牛
P144

老虎须
P170

白色
White

开白色花的植物非常丰富,不管是草本、球根,还是乔木、灌木,许多都具有白色的花。当然,白色也分很多层次,除了纯正的白色外,乳白、粉白、青白、绿白等,我们也视为白色。

短舌匹菊
P200

罗勒
P146

白花车轴草
P185

随意草
P147

白晶菊
P148

飞燕草
P149

百日草
P148

波斯菊
P150

风铃草
P150

肥皂草
P151

蜂室花
P151

凤仙花
P152

福禄考
P153

夏枯草 P163	香雪球 P164	旋花 P164	益母草 P165
鱼腥草 P165	虞美人 P166	羽扇豆 P167	羽衣甘蓝 P168
天竺葵 P168	矮牵牛 P144	鼠尾草 P145	滨菊 P146
醉蝶花 P198	夏堇 P188	瓜叶菊 P220	六月雪 P220

玛格丽特
P222

欧报春
P222

石竹
P221

郁金香
P221

灰色
Gary

在穿衣搭配时，一身灰色的装扮是最有气质又不张扬的。这也同样适用于花园的植物配置中。当白色植物配置在深绿色背景前时，灰色可起到过渡协调的作用，从而避免白色过渡的跳跃。灰色植物能减弱鲜艳颜色如洋红色的炫目感，且能弱化深红色和紫红色的沉重感。

灰色的植物质感很丰富，有的表面具蜡质，有的具有茸毛。它们能丰富花园内植物的质感层次，即使是同一色系，也不会显得单调。

总体说来，灰色让浅而轻的色调变得稳重，变得不那么炫目，又可以提亮深而暗的色调，让其变得不那么沉闷。它确实就像是色彩中的黏合剂，让各种各样的色彩都能很协调地组合在一起。

朝雾草
P169

风轮菜
P229

绵毛水苏
P169

熏衣草
P214

银叶菊
P171

芙蓉菊
P229

红色
Red

红色是最令人激动的色彩，也是中国人最喜爱的颜色。其中纯正的大红色是最热烈的，代表着激情和喜庆。但同时，红色又是一种比较危险的颜色，它给人一种沉重感、膨胀感，甚至充满诱惑，所以在设计时要慎重使用。

剪秋罗
P172

矮牵牛
P144

百日草
P148

耧斗菜
P160

倒挂金钟
P175

钓钟柳
P176

凤仙花
P152

鸡冠花
P179

旱金莲
P175

亚麻
P178

鼠尾草
P145

红缬草
P178

飞燕草 P149

柳穿鱼 P180

龙面花 P180

千日红 P184

日日春 P185

枫叶天竺葵 P177

海石竹 P177

穗花婆婆纳 P186

满天星 P158

蔓锦葵 P179

夏堇 P188

血苋 P230

花烟草 P156

蝇子草 P189

羽衣甘蓝 P168

百万小铃 P173

| 波斯菊
P150

| 雏菊
P174

（翠菊图)
| 翠菊
P174

| 紫罗兰
P189

| 羽扇豆
P167

| 露薇花
P161

绿色
Green

绿色是植物最基础的颜色，除了极少数彩叶的植物，世界上大部分植物的叶片都是绿色的，因此在植物景观设计中，我们将绿色也归纳入中性色。但是，真正开绿色花的植物，却并不是很多。

| 弹簧草
P223

| 铁筷子
P206

| 天竺葵
P168

| 花烟草
P156

| 牛至
P171

| 羽扇豆
P167

粉色 Pink

开粉色花植物的种类极其繁多,其中的一些种类对光线的适应范围较广。比如铁筷子属的一些种具有各种或深或浅的粉红色植物,而且这类植物耐阴,宜植于林下。

香妃草
P188

芍药
P163

矮牵牛
P144

矮雪伦
P172

百万小铃
P173

波斯菊
P150

车轮菊
P224

雏菊
P174

翠芦莉
P190

大丽花
P191

倒挂金钟
P175

莪术
P191

繁星花
P176

飞燕草
P149

风铃草 P150	凤仙花 P152	福禄考 P153	荷包牡丹 P192
花葵 P155	金鸡菊 P193	金鱼草 P157	锦葵 P193
桔梗 P157	老鹳草 P194	露薇花 P161	落新妇 P181
美女樱 P182	美人蕉 P183	牛至 P171	青葙 P194

日日春 P185	涩荠 P195	山桃草 P162	蜀葵 P140
随意草 P147	穗花婆婆纳 P186	太阳花 P187	天竺葵 P168
五星花 P196	香彩雀 P196	羽扇豆 P167	月见草 P197
紫罗兰 P189	醉蝶花 P198	肥皂草 P151	

橙色
Orange

橙色让人觉得温暖。在植物中，橙色的花显得非常鲜亮而吸引人的眼球。开橙色花的草本植物、灌木和高大乔木的树皮茎秆、入秋后的秋色叶和果实，橙色到处都是。大量的一年生和宿根花卉都开橙色的花，灵活地运用它们，可以打造一个充满"橙"意的特色花园。

金雀花
P203

旱金莲
P175

黑心菊
P201

鸡冠花
P179

万寿菊
P203

五色梅
P186

百日草
P148

百万小铃
P173

车轮菊
P224

露薇花
P161

角堇
P142

硫华菊
P224

宿根天人菊
P190

黄色 Yellow

黄色给人轻快、充满希望和活力的色彩，亦是丰收的色彩。今天我们有大量的开黄色花的球根花卉、宿根花卉和灌木可供选择。另外，还有很多黄花茎秆植物、黄色秋叶的乔木以及花叶植物。许多植物的嫩叶都是黄色的。

蓍草 P226	百万小铃 P173	委陵菜 P204	糙苏 P199
堆心菊 P225	短舌匹菊 P200	矾根 P205	旱金莲 P175
荷包牡丹 P192	花菱草 P156	金丝桃 P199	矾根 P205

羽扇豆
P167

五色梅
P186

鹰爪豆
P204

彩叶草
P223

月见草
P197

百日草
P148

迎春
P200

勋章菊
P225

紫红色
Fuchsia

紫红色是纯紫色加玫瑰红而得到的颜色。紫红色是非常女性的色彩，无论在西方还是中国传统习俗中，紫色是非常尊贵的颜色，因此，在设计中要拿捏好紫色的感觉很不容易，应用的好就会非常醒目时尚，用得不好就容易造成色彩混乱。

紫红色一般不与其他很花哨、很深的颜色搭配。搭配黄、蓝、红（紫红）或者浅色小碎花不错，烟灰色、宝蓝也挺好。

柳穿鱼
P180

花菱草
P156

花烟草
P156

金鸡菊
P193

六倍利
P159

027

罗勒 P146	天竺葵 P168	毛地黄 P162	美女樱 P182
三叶草 P147	铁筷子 P206	西班牙熏衣草 P214	太阳花 P187
茛力花 P154	益母草 P165	羽衣甘蓝 P168	紫苏 P207
百万小铃 P173	野棉花 P206	翠雀 P207	

蓝色 Blue

自然界中,真正开蓝色花的植物很少,主要是翠雀属和鼠尾草属植物。鼠尾草属植物中,长蕊鼠尾草(*Salvia patens*)花的蓝色最单纯。但经过育种家多年的努力,开蓝色花的植物种类越来越多。

勿忘我
P213

矮牵牛
P144

风铃草
P150

飞燕草
P149

龙胆
P208

桔梗
P157

喜林草
P142

六倍利
P159

蔓荆
P208

琉璃苣
P209

角堇
P142

澳洲蓝豆
P209

倒提壶
P210

荆芥 P216	藿香 P215	穗花婆婆纳 P186	藿香蓟 P216
花叶蔓长春 P215	筋骨草 P197	亚麻 P178	鼠尾草 P145
耧斗菜 P160	刺苞菜蓟 P227	旋花 P164	迷迭香 P217
翠雀 P207	羽叶熏衣草 P212	蓝盆花 P192	

紫色
Purple

紫色是红色与蓝色混合而成的颜色，属于冷暖之间的过渡色。因此，当红色的混合比例偏多时则的紫色会偏暖一些，同样，加入的蓝色比例偏多时紫色会偏冷一些。紫色代表着神秘，也象征着高雅和富贵。大自然中，开紫色花的植物非常多。

福禄考 P153	二月蓝 P214	百可花 P211	补血草 P227
五星花 P196	柳穿鱼 P180	香彩雀 P196	亚麻 P178
莸 P210	平卧婆婆纳 P228	夏枯草 P163	老鹳草 P194

五色梅 P186	柳叶马鞭草 P217	香茶菜 P202	角堇 P142
羽扇豆 P167	紫露草 P195	紫罗兰 P189	毛蕊花 P226
翠芦莉 P190	大蓟 P228	倒挂金钟 P175	凤仙花 P152
鹅河菊 P213	沙参 P218	蜂室花 P151	香雪球 P164

紫杯花 P205	六倍利 P159	毛地黄 P162	美女樱 P182
车前叶蓝蓟 P211	熏衣草 P170	翠菊 P174	翠雀 P207
柳穿鱼 P180	夏堇 P188	丹麦风铃 P212	

花境 色彩搭配 案例分析

Color & Garden

Part 3

花境是花园植物景观设计最常用的手段,色彩是欣赏花境的第一印象。在花境的设计中,既可以选用单一色彩,也可以选用多种色调的混合。在这一部分,我们选择一种颜色作为主色调,进行分析。

白色
White

　　白色在色彩范围中，属于无彩色。白色虽没丰富的色阶，没有彩色那么绚烂的效果，但反而因为纯洁、干净，给人既朴素又高贵的气质，以及极强的视觉冲击力。就像参加一场众星云集的聚会，一袭清新脱俗的白色衣裙，总会帮你从纷繁炫目的环境中脱颖而出一样。

　　在花园设计中，白色是百搭的调和色，它可以轻松与其他任何色彩搭配而不显突兀。因为白色的反光性，在暗色沉闷的环境比如林荫下、墙角背阴处等，点缀开白花的植物，会使其变得明亮灵动起来；而白色为主色调的花园，在晚上更能展现其魅力，整个环境会显得明亮无比，白色的花朵像无数精灵一样在夜间聚会、舞蹈，如梦如幻。如果花园的园路两旁种植开白花的植物，晚上还会起到像路灯一样的效果。

　　最著名的白色花园当属西辛赫斯特城堡花园中的白色主题园：花园中只有白色的花，白色的羽扇豆、铁线莲、熏衣草、银莲花、百合等，间或掺杂很少的浅粉色……极具特色，让人过目不忘。

　　白色作为调和色时，适宜选择开小花的植物，比如满天星、六倍利、白晶菊等，或者穗状花序的线性植物，比如飞燕草、山桃草、熏衣草、假龙头等。这样不会喧宾夺主，影响整体的视觉效果。

◁ 色彩搭配： 白 黄

黄色是明亮跳跃的颜色，白色是最明亮的颜色。黄色的三色堇与白色的小雏菊搭配呈现出非常高亮度的效果。这种植物色彩搭配非常适合春夏季节使用，给人干净利落、清新明快的感受。再点缀几束冲突感很强的紫色毛地黄让黄色的三色堇和白色的小雏菊更加明亮，由白到浅紫色的过渡也避免了深色带来的暗沉。整体表现出非常轻快活泼的效果。

△ 色彩搭配： 白 黄

白色是光明、纯洁的象征，绿色是大自然的颜色。纯净的白色菊花栽种在绿草丛中呈现了一种活力清新的氛围，毫无杂质简单素雅。

△色彩搭配: 白 黄 蓝 红

在大面积明亮跳动的白色雏菊花境,搭配星星点点热烈而深沉的紫色银莲花作为陪衬,优雅不庸俗。

△ 色彩搭配： 白 黄 紫

我们常为冬日清晨白雪覆盖大地的景观而雀跃欣喜，白色植物被广泛应用，因为白色不仅在穿着搭配上是百搭色，不仅单色配置效果好，在植物配置也易与其他颜色搭配成景。

▷ 色彩搭配： 白 黄

白色轻盈且易反光的特性，适宜用于较阴暗的花园。这条小路旁大面积运用白色的雏菊提亮了空间氛围，搭配一些观赏草，好像带我们走进了宁静的乡间。在温度怡人的夏季傍晚，没有比什么迷失在充满幽灵般白色的花境中更具梦幻色彩。

△ 色彩搭配： 白　黄　紫

大自然主要是绿色的，白与绿、红与绿、黄与绿等都很常见。此块小景观是白与绿清新自然的搭配，使人身心愉悦。在白与绿中加入灰色的银叶菊和少许清新淡雅的浅紫色三色堇后，顿时让作品产生了一种朦胧感，使这块小区域看起来更加的优雅、从容。这份朦胧感削弱了自己的个性，衬托远处的主景，不争不抢不喧不闹。

◁ 色彩搭配： 白　黄

一眼便看见紫红色的枫树，守护着下面优雅朦胧的灰与白。本是一片宁静祥和，却被不远处黄色与紫色蝴蝶一样的三色堇打破了宁静，增添了一些野趣，使人更愿意与之亲近。

▷色彩搭配: 白

白色的毛地黄与淡紫色的熏衣草搭配，因为淡紫色容易被忽略，隐退于背景的特征，不抢主景的风头，完美烘托了长线条形的毛地黄。纯净的白色，加上熏衣草浪漫的情调，使得这小块景观不那么单调。

▽色彩搭配: 白 黄 紫

仍然是大面积的运用白色调菊花加上浅紫色的长春花、紫红色的小花到橙红色的月季等相近颜色植物，使得原本宁静的花园突然有了种活泼的色彩，又不至于太喧闹。

△色彩搭配： 白　黄　紫　粉

花境的植物有层次是花境显得丰富的手段之一。层次除了通过色彩来体现，还可以通过高矮的搭配、植物质感的区别来实现。该花境中羽扇豆是线性花材，在白色的花丛中跳脱出来，增添了花境的趣味性。

羽扇豆还有一个家喻户晓的名字——鲁冰花。深深浅浅的鲁冰花与白滨菊高矮搭配更富有层次感。一丛丛，一簇簇，令人欣喜。它优美的传说与神秘的色彩让人愿意停下脚步细细观赏。

▽色彩搭配： 白　紫　粉

白色金鱼草和蓝色鼠尾草混合花境，但是二者高矮、质感都相近，如果将紫色的鼠尾草换成紫色虞美人、楼斗菜等，这样花境的质感和层次会显得更加丰富。

此处白色金鱼草和紫色鼠尾草二者高矮、质感都相近，如果将紫色的鼠尾草换成低矮的三色堇或者矮牵牛，再加上原有的波斯菊，如此三个层级的高低错落、色彩变换使得花境的质感和层次更加丰富立体。

▽色彩搭配： 白

整个庭院中只有绿色与白色，看得出园主人是一位非常爱干净整洁的人。远处的柏树和修剪规整的绿篱使氛围显得庄严、肃静，但是配上自然式生长的八仙花打破了这片压抑的环境。将休憩的桌椅摆在八仙花之中，纯洁的白色，极少的植物种类，内心会感到宁静平和。远处的柏树和绿篱将喧嚣的外界隔离，打造一个非常私密的空间，全身心都得到了放松。

△ 色彩搭配： 白

树林下种满了白色的铃兰非常纯洁、干净，给人既朴素又高贵的气质。原本整个树林是压抑的，但是因为白色的反光性与铃兰矮矮的株高，使整个氛围变得明亮、开阔、灵动起来。尤其是在夜晚，白色的花朵像一群精灵一样好像在花园中舞蹈、聚会，极具特色引人入胜。

粉色
Pink

　　粉色是红色和白色混合而成的色彩，属于暖色系，其色阶也非常丰富。浅淡的粉代表浪漫、温馨、甜美、明媚，是少女的颜色；而浓艳的粉则给人妩媚、跳跃、甜腻之感。无论春夏秋冬，开粉色花的植物非常丰富。连花少的冬天，也有仙客来、羽衣甘蓝、荚蒾等粉色系植物可选。

　　如果要建一个粉色为主色的花园，最简单的方法就是选粉色的藤本月季或者紫藤作为主景植物，然后配置各种不同质感和形状粉色系花材。为了突出粉色的明媚，还可以在其中适当点缀一些暗色系的植物。

　　当然，粉色也可以和其他很多颜色搭配，都能产生不同的视觉效果。比如，粉色与紫色搭配，会轻松营造出浪漫的感觉；粉色和嫩绿的背景搭配，会给人欣欣向荣春天般的感觉；粉色和灰色搭配，会减少甜腻感，增添典雅的气质，而很多粉色带有灰色的成分，比如'粉佳人'月季，给人优雅沉静之感；粉色和香槟色搭配，会给人温暖、柔和之感。

△色彩搭配：

粉色的菊花与粉色的醉蝶花高低错落，虽颜色相近但是质感与高低不同，纤柔线形枝条的醉蝶花与团团簇簇球形的粉菊花构成的造型，强调了立体构成中"块"与"线"的关系。呈现出一种跳跃、灵动的感觉。

◁色彩搭配: 粉　白

深浅不同的绿色乔灌木,让人觉得和平、安宁。下面跳跃着一些粉色的小雏菊使这块花园更加活泼、有生机。

◁色彩搭配: 粉　白

偏冷色调素雅的淡粉色花像茸毛一样轻盈,配置一些绿色与白色的菊花。整体给人静谧的感觉,喜欢独处或需要独处的人可以在喧闹的都市中享受有这一抹自然的幽静。

▽色彩搭配： 粉

花境两边大面积粉色的大丽花作为中景植物，白色的满天星进行镶边与远处点缀的柳叶马鞭草都没有喧宾夺主，色彩搭配上也是特别的和谐。不仅仅花给人浪漫、甜美、明媚的感觉，人走在这条小路上也很欢呼雀跃。灰紫色的柳叶马鞭草虽减少了粉色的甜腻感，但是仍给人春天的少女感。

△色彩搭配: 粉 白 紫

粉色的月见草与紫色的刺儿菜混栽在一起,相得益彰,颜色、质感、高矮都很相近,冷暖对比,动静结合充满生机。比较自由的栽植方式没有节奏的韵律,令人身心都很放松。

△色彩搭配： 粉

这是一个粉色为主的植物搭配组合。但是从颜色深浅的变化，植物的质感、高低、形状等的不同使得整体并不会显得乏味单一，而是可以细细地感受其中的趣味。将明亮的郁金香布置在景观的中间，边缘用深色矾根等进行点缀更加突出了郁金香的明媚动人。

▽色彩搭配: 粉 紫

这一隅小景观并不会让人遗忘,而是成为焦点。花坛中大面积的大丽花与柳叶马鞭草成为陪衬,烘托出此处景色。线形的淡粉色波斯菊作为背景,中间层是连成片状的八仙花,最下面点缀了一盆常春藤,旁边几盆应季观赏草增添了一丝野趣,整个营造出一种精致又有趣的氛围。

△ 色彩搭配： 粉

藤本月季是立体绿化的好材料，可以丰富花园的景观层次。园中月季、绣球、酢浆草组成的景观非常立体，养护也简单。

▽色彩搭配： 粉 紫

夏堇的株形非常紧凑，是非常难得的铺底材料。中间穿叉种植鸭趾草，粉紫搭配非常梦幻。

红色
Red

　　红色是三原色之一，它能和黄色、蓝色，调出其他任意色彩。红色属于暖色，带给人极强的视觉膨胀感。红色是最热烈的色彩，常用来表达强烈的情感，在中国代表着喜庆。同时，红色也是警告的信号，预示着危险。在各种色彩的预警中，红色是最高的级别。

　　红色和绿色是互补色，因此，红花植物在绿叶的陪衬下本来就非常跳跃、抢眼，因此，纯红色系的花境或花园，会很容易让人感觉兴奋、激动；如果红花植物与深红色、褐色、橙色花叶相间搭配，就会减弱对比的效果，变得柔和丰富很多。当然，红色植物中也可以用白色来调和，白色会减弱红色和绿色的对比，让红色的热烈变得温和，增添清新之感。

　　不同深浅的红色搭配，可以尝试应用在秋冬季节，会带给人温暖的感觉。比如，以彩叶草、矾根等红色叶片植物为背景，深红色的大丽花、玫瑰作为主景植物，天竺葵、小菊花、鸡冠花、秋海棠等作为过渡植物，会营造出秋日暖阳的感觉。

　　如果想营造一个长期具有观赏性的红色系花境，可以通过红色的灌木、耐寒的宿根植物与一年生草本花卉搭配来实现。灌木如紫叶小檗、卫矛、鸡爪槭、石楠、绣球等，宿根花卉如酢浆草、大丽花、芍药、鸭跖草、彩叶草、矾根、萱草等。

◁色彩搭配： 粉　白　紫　黄

红色是非常醒目又令人激动地色彩。此处大红色的虞美人都不再让人联想到她忧伤的传说，而是令人紧张兴奋的，与她在一起，其他植物都成了配角"绿叶衬红花"。为了稍稍遮盖一下她的锋芒，也栽植了一些白色的菊花和粉色的百万小铃来进行柔和、过渡，稍稍弱化大红色的躁动，让花境不过分吵闹，而从喧闹趋于理性。

△ 色彩搭配： 黄 橙 红

这个小庭院种满了各种红色、橙色、黄色的植物，有大花马齿苋、五色梅、百日草、波斯菊等各种花。这就特别考验园主人的水平啦，一不小心就会显得特别凌乱。但是园主人从颜色上选择的是同一色调即暖色系的植物，在花朵的形状上也是同一种，在布局上由低到高的排列，中间再穿插了几株深色的植物，使得整体呈现出一种节奏与韵律的感觉，且很是活泼热闹。

▷ 色彩搭配： 红

红色的天竺葵与橙色的郁金香，在色彩上颜色相邻，都是暖暖的颜色，让小窗户充满温暖和阳光，即使在远处也能被这块热烈而活泼、热火朝天的氛围吸引住眼球。

▽色彩搭配： 红 蓝

墙的一侧栽植了红色的矮牵牛，给人极强的视觉冲击与膨胀感。如此热烈的红色让人感觉兴奋、激动，配上深色的天竺葵和紫红色的常春藤，减弱了对比效果，使得画面柔和了些。中间点缀几株紫色的百子莲丰富视觉效果。

△色彩搭配: 红

红色的郁金香配上两朵紫色的楼斗菜显得非常活泼可爱，还有一个小玩偶，春天的喜悦与生机包裹在你的身边。让人觉得开心愉悦，好像回到了童年在和煦的春风里放风筝。

△色彩搭配:　黄　橙　红　白

左边的虞美人和右边的郁金香遥相呼应，好像在召唤着对方，中间配上园林小品"石狗"，让每一位到这里的人都好像牵着自家的狗狗出来踏春。不到此处真是辜负了春天园林的美。

▽色彩搭配: 白

俗话说"红配紫丑得死",但是红色的虞美人和淡紫色的三色堇来搭配,让花园表现出浪漫优雅的气息。浅紫色衬托红色,再添上白色的桌椅,形成不同色块,突出了各种植物所呈现的不同效果。

△色彩搭配： 白 紫 红

门前的花架上种满了红色的藤本月季，热烈奔放好似非常欢迎远方的朋友，可以感觉到主人的热情，让来客有一种宾至如归的感觉。地上的三色堇等一些镶边植物像是引导客人参观的线索，温暖亲切又不抢主角风头。

▽色彩搭配： 白 红

满园红色的郁金香与白花使得这片全是野草萧条的园子充满生机。

黄色
Yellow

　　黄色也是三原色之一，是所有色彩中最明亮的色彩。给人以明亮、轻快、活泼之感，充满了希望和活力。

　　黄花与绿叶本身就是相邻的色彩，是非常平和的色彩搭配。因此，纯黄色的花境即使不点缀其他的色彩，也会非常协调。黄色与紫色是互补色，两者在一起会营造非常冲突的效果，因此在实际应用中，设计师们尽量避免。

　　黄色和白色一样，也有亮化阴暗角落的功能。黄色还是早春的主色调，春天最早开花的植物，大都是黄色的，比如蜡梅、兔葵、迎春花、水仙等。因此，早春最适宜布置黄色的花园。春季的嫩绿叶与明黄色极协调，同时还可以与大量的球根花卉相搭配。

　　在初夏，菊科金光菊属和堆心菊属的花卉，为花园提供了丰富的黄色。它们既可以点缀与浅黄色花卉搭配，也可以与橙色或红色的花卉搭配，营造出质感丰富、或明媚、或温暖的氛围。

　　而黄色、金黄色、咖啡色的搭配，表现出来的则是初秋的感觉。植物比如向日葵、月季、六出花、金盏菊、万寿菊等。

▽色彩搭配：黄

最明亮的黄色，一团团的簇拥在一起，呈现出阳光、欢快的视觉效果，感觉是非常有节奏的在跳动，很适合夏天户外的装饰。

△ 色彩搭配： 黄　 蓝

黄色是明亮的颜色，蓝紫色是阴冷的颜色，黄色的三色堇和蓝紫色的三色堇自然式的栽植在一块表现出了活泼跳跃，相似的质感与高度让整体显得很是协调。以黄色的三色堇为主色调，突出阳光灿烂的效果，紫色略少，同时上面白色的过渡加大了空间感。

△ 色彩搭配: 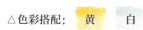 黄 白

傍晚黄色的金盏菊依然清晰可见，紫色的柳叶马鞭草若隐若现，还有大片的草地，这三种颜色搭配着非常的活泼，大块的绿色与大块明亮的黄色，让夏天的傍晚更加的热闹。暗紫色的柳叶马鞭草降低了与黄色矛盾，所以整体很和谐。

▷ 色彩搭配: 黄 白

水仙本身是能让人感到宁静、天然丽质、芬芳清新的凌波仙子。白色一方面使黄色的艳丽变得安静柔和，另一方面也使整块环境更加明亮洁净，在一片绿色中，显得素洁幽雅、超凡脱俗。

△色彩搭配: 黄 粉

将金色波斯菊与白滨菊圈在木栅栏里面,充满了野趣。搭配着简陋的木质小架,突显出一股浓浓的乡野风。走在旁边感到浑身轻松,什么喧闹纷杂的都市氛围通通离我们远去;什么工作、生活中的烦恼,此刻也通通抛在脑后。只想一个人享受着这份惬意。

▽色彩搭配: 黄 红 紫

当某些植物开始渐渐衰落凋零,热情在燃烧退却时,花园被黄色金鸡菊、浅紫色毛地黄以及其他晚花形植物占据着,她们才刚刚开始绽放,她们绚丽的色彩给花园带来勃勃生机。

△ **色彩搭配:** 黄 红 紫

红色、黄色的郁金香长在一群矾根和低调的紫色报春花中,好像一团团火焰燃起希望。

△ 色彩搭配： 黄 白 紫

黄色的龙面花与紫色的百万小铃是两种互补的颜色，在视觉上会有不适应的冲突感。原本是要避免这两种色彩的搭配，但是中间运用了白晶菊进行过度，弱化了这种冲突感，且将紫色的百万小铃至于边缘进行点缀淡出视野，使得黄色的龙面花活泼可爱的效果更加突出。

▽色彩搭配： 黄 紫

水仙花是"凌波仙子"，大家对于它的印象大多是种植在水景中，此处种在花坛里。围墙上放置一个大大的水缸，营造了水景的效果，让原本没有水的景观都好像充满了水声。零星点缀的紫色角堇由于在株高上低于水仙花的花朵，让水仙花绿色的叶子做一个过渡色彩，避开了黄色与紫色直接搭配的不适感，

橙色
Orange

橙色是介于红色与黄色之间的混合色，也被称为橘黄色。橙色是大地的颜色，是最温暖的颜色，给人明朗、踏实、阳光之感。橙色也是秋天的代表色，大部分的瓜果成熟后，都是橙色，因为橙色常用于庆祝丰收。

橙色与黄色和红色是相邻色，它们搭配在一起，能以最柔和的方式营造出花园的色彩层次感，如夏天，橙色高贵的火炬花搭配红色的火焰兰、黄色的波斯菊等，营造出温暖、轻盈又不失大气的效果。

橙色与蓝色是互补色，两者在一起会产生强烈的视觉冲突，是设计师们谨慎的色彩搭配。但是，如果橙色和蓝色都选比较碎小的花，如蓝色的鼠尾草作为背景，上面点缀橙色硫华菊，也会获得与众不同的效果。

△ 色彩搭配： 橙

橙色是最温暖的颜色，给人温和浪漫的感觉。虽是同色系的五色梅与球菊，由于线条与团块的组合，质感、高矮的不一样，也还是碰撞出了一些欢快的火花，不会显得太过单一。道路两边开阔的视线，单彩色的搭配是最柔和的色彩运用，令疲惫了一天的人身心得到放松。五色梅不仅花色美丽多变、观花期长、绿树繁花、常年艳丽，还能驱蚊，因此具有"驱蚊七变花"的美誉，是非常不错的花园造景材料。

△色彩搭配： 橙　白

橙色的松果菊给人欢快、明朗、阳光、活泼的感觉，搭配灰色的银叶菊进行过渡，淡化炫目的橙色，使得整个画面不至于"爆满"，远处白色的山桃草作为背景，更具有空间感。

▽色彩搭配： 橙　紫

橙色的松果菊给人欢快、明朗、阳光、活泼的感觉，搭配灰色的银叶菊进行过渡，淡化炫目的橙色，使得整个画面不至于"爆满"，远处白色的山桃草作为背景，更具有空间感。

△色彩搭配： 橙 粉 红

橙色系的金光菊、金盏菊、彩叶草给人非常温暖、明朗、阳光的感觉，与红色系的大丽花、矮牵牛、紫苏等搭配在一起，以最柔和的方式打造出了色彩的层次感。

▽色彩搭配: 橙 红

橙色的百日草、黑心菊搭配黄色的马缨丹等营造出轻盈、温暖又不失大气的效果。紫红色的矾根及下面的花盆形成退隐的效果，与地上铺的石子完美的融合共同烘托出主角们热闹非凡的景象。

蓝色、紫色
Blue & Purple

　　蓝色也是三原色之一，常让人联想到海洋和天空。纯净的蓝色给人冷静、理智、纯净、宁静之感。紫色是由红色和蓝色融合而来的色彩，中间跨越了冷色和暖色等过渡色彩。在偏玫瑰红方向是暖色，偏蓝色方向是冷色。在自然界中，真正开蓝色花的植物很少，很多视觉上是蓝色的花朵，其实都带有紫色的成分。蓝色和紫色在视觉上都有隐退的效果。

　　纯净的蓝色植物，能营造一种平静、深远的意境。蓝色如果和白色搭配，则更能增添清爽的效果，在夏天尤其合适。

　　紫色是所有颜色中最华丽的颜色，也是变幻莫测的颜色，它与其他色彩搭配，非常容易失去自己的个性。和红色搭配，看上去就变成了紫红色，和蓝色配置，就变成了深蓝色；若加点黑色，则变成了深暗的色彩，透出静谧、忧郁的效果。

　　紫色和蓝色的配色，是最冷的一种配色方式，看起来非常凉爽，在夏季使用，会给人舒适之感。

　　蓝色和橙色是对比色，这两种植物配在一起，会产生强烈的对比；蓝色和黄色也是对比，但不如橙色那么强烈，因此花园中，蓝色和黄色的配置非常多。比如春天，球根植物非常丰富，黄色的水仙与蓝色喜林草配在一起，会使水仙更加突出，而蓝色有隐退之感，整体就给人清爽活泼之感。

　　紫色和黄色是互补色，两者搭配，其各自的视觉冲击均会被加强。在设计中我们会尽量避免，但是在野生的环境中，我们经常会看到野生的二月蓝和油菜花混合在一起的效果。

　　将开淡紫色、淡粉色和淡蓝色花的植物搭配在一起，会获得非常浪漫又细腻的视觉效果；相反，将蓝紫色、紫红色和紫色的植物搭配在一起，将会产生浓艳、华丽的效果。

▷色彩搭配： 蓝 紫

八仙花是很神奇的植物,酸性土壤栽培出来的花是冷色调,碱性土栽培出的就是暖色调。所以在进行花境设置时可将道路两边的花施不同的肥,色彩冷暖对比,有蓝色有粉色,使得静止的植物也具有了跳动的生命感。加强了层次感、丰富了作品色彩。

△色彩搭配：

蓝色系的三色堇具有梦幻的色彩，清澈、浪漫的感觉，给这个封闭私密的环境增添了一些神秘与宁静感。点缀着少量黄色的三色堇，给整体淡淡的忧郁增添了一丝积极向上的热情，让你忧郁的心情一扫而空，换发激情。

◁色彩搭配： 蓝 红

植物种类很多，但是高低错落整齐有秩，一点也不觉得杂乱。色彩搭配非常的丰富，有蓝色的大花飞燕草、黄色的金雀儿、紫色的蓝目菊、红色的凤仙花、紫红色的紫叶李等，繁花似锦忍不住与它们共舞。

▽色彩搭配： 蓝 紫

蓝色的大花飞燕草与紫色的月季非常适合春季与夏季使用，春季给人一种乍暖还寒的感觉，夏季则给人一种迎面扑来的凉爽之感。这种搭配十分地浪漫，因此以自然风格的形式来搭配可以更加突出其浪漫之感。

△色彩搭配: 蓝　黄　粉

大量蓝色耧斗菜给人宁静、平和的感觉,绿色的背景使得更加安静。若是配上淡黄色的花会更好,不过加入深色的植物也是可以的,不会破坏其平静的效果,反而可以使宁静色调的花园避免过于乏味和单调。

▽色彩搭配： 蓝 紫 白

蓝紫色的美女樱与淡粉色的风铃草搭配仍然可以让人感到平静，还可以丰富主题效果，而不会破坏其氛围。中间采用灰色的银叶菊进行过渡，朦朦胧胧间就来到了远处浪漫而神秘的紫色花境，使人心情平和。

△色彩搭配: 紫

整幅画面都是紫色系植物,有紫色的三色堇、紫色的熏衣草、还有紫红色的鸡爪槭,给人一种静谧之感。用的同一颜色同种材质的花盆使得景观效果更加纯净。但是三色堇与熏衣草的质感和形状都是不同的,避免了单一感。

▽色彩搭配： 紫

与左边大面积紫色的花相比，这边就清新一点了，同样还是紫色系，但是植物的选择上不一样，质感、形状、大小上都是选的小巧的，同样的颜色不一样的感觉。在花盆的大小上做出了变化，丰满了视觉效果。原木色的椅子与容器，整个氛围都非常的清爽、安静、舒适。

△色彩搭配：

野趣十足的树林旁边营造出了一个小花境,淡紫色的柳叶马鞭草作为过渡植物像树干一样立着作为垂直景观形成背景墙。下面看似无意实则悉心设计的栽植着蓝色的婆婆纳、浅紫色的柳叶马鞭草,宁静淡雅又不失野趣。

▽色彩搭配：

开阔的草地喧嚣热闹,小木屋前宁静的水面与蓝色藿香蓟相呼应,在一片喧嚣中难得有一块令人沉思的区域。深蓝鼠尾草与大花飞燕草作为垂直的背景,似乎是想隔离周围的吵闹,中间几朵凤仙花好像大观园中的姑娘无忧无虑与世隔绝。

▽色彩搭配： 紫　白

毛地黄由白到浅紫的颜色与同色系的蓝目菊栽植一起显得非常优雅、浪漫。高矮、质感的不同又丰富了画面不会显得单调，中间绿叶的过渡不会显得太过突然，使得整体很和谐。

▽色彩搭配：蓝 紫 白

◁色彩搭配： 蓝 紫 粉

在这个蓝色植物的海洋里添加了些白色、粉色和黄色的植物，让这座蓝色花园更富于个性。这些色彩使得整个花园活力四射，绚丽无比，看上去不那么虚幻缥缈。狭长的小路周边种植这些蓝色的植物具有收敛的视觉效果，让空间看上去更大一点。

▽色彩搭配： 粉 紫 白

由白至淡黄色的毛地黄突出了空间上的线条感，下面是浅紫色的月季和紫色的美女樱过渡，灰色的银叶菊将马鞭草与毛地黄隔开，不喧宾夺主。

△色彩搭配: 黄绿　紫　粉

淡紫色细碎的二月蓝作为主景植物显得非常轻盈，中间的玉簪、鸢尾等填充植物种类、色彩丰富，富有质感。整个花境看上去非常烂漫，层次丰富。

白滨菊、二月蓝、波斯菊这些愉快盛开的花混杂在一起，生命力顽强，是典型的乡村花园。为了保持花园的乡村气息，某些小植物直接长到了路上石头缝隙中。步道两侧落入眼帘的是那一丛丛鲜艳可爱的花朵，让我们沿着步道去感受一段快乐而美好的旅程吧。

▽色彩搭配： 粉 紫 白

△色彩搭配: 蓝

生长在林下的蓝莲花显得更加的鲜亮,纯净的蓝色,给我们带来一种平静、深远的意境。

△色彩搭配： 蓝 紫

原来满地的红花酢浆草也是很好的景观，避免了色彩过于艳丽的矫揉，还很平易近人，淡淡的色彩平静祥和而又浪漫，不喧宾夺主，低调内敛。若是添加一抹白色，会令淡雅的调色板更加醒目。

△色彩搭配： 紫

小径两旁成片的紫色马鞭草盛情绽放，蝴蝶在花丛中翩翩起舞，幽静的紫色花境吸引游客漫步其中。马鞭草花的顶部成小筒状盛开星星点点连成一片，纷红骇绿。

△ 色彩搭配： 紫 蓝

毛茸茸紫色的藿香蓟铺成一块，中间蓝色的鼠尾草营造了立体空间，最里面的大花飞燕草点缀整个景观，深色与浅色的，富有趣味性。

▷ 色彩搭配： 紫

这条花境左边看上去细腻、精致、优雅、朴素。规整的深蓝色熏衣草作为背景显得高雅深沉，自由式种植的蓝粉色兔葵比较柔和，再往路的右边就是较野趣的各种草花，好像从小孩到成年过渡的三部曲。

▷色彩搭配: 粉 紫 白

颜色深浅不一的美女樱花朵,像一个一个的风车,又像一个个娇羞的小美女!种植在路旁或花园一隅,吸引人们来观赏。

复色
Colorful color

缤纷色是在一个花园或者花境中，使用多种的五彩缤纷的植物。但是，如此众多的色彩会非常难以驾驭，处理不好会带来视觉上的冲突和矛盾感，如何处理这些冲突和矛盾，在现实造园中尤其重要。

△ 色彩搭配：

色彩缤纷的植物组合在一起非常的绚丽，让人充满了幻想。将不同色彩的植物按种类种植在一起，再在边缘整齐的种植一些白色花，让原本杂乱的景观也呈现出一定的规律。

△色彩搭配：

黄色的、紫色的、深红色的矮牵牛，与白色的、粉色的百万小铃，以及缤纷多彩的羽扁豆创造了一个热闹非凡的景象。

△ 色彩搭配:

成片的绿色作为背景,地缘栽种不同色彩的植物,这跳动的韵律将游人的目光从上方往下吸引。中间层是毛地黄和鸢尾,这些草本花卉也组合出自己的上中下层空间关系,别具风味。

▽色彩搭配:

大树底下围种着一群小花，有报春花、毛地黄、大花飞燕草、月季等，随处可见，在纷杂的都市可以静静地体味一下脚边的美丽。

△ 色彩搭配:

色彩艳丽的植物组合展示出了夏天的热情,热烈奔放的康乃馨、燃烧似火的糖芥使得这个小花园充满了活力。

△色彩搭配:

各种鲜艳色彩的羽扇豆和它们这挺直的"腰杆"整体表现出一副欣欣向荣蒸蒸日上的感觉。有些羽扇豆隐藏在绿叶中就像是雨后的春笋一般冒出一个个小尖头,煞是可爱。

▽色彩搭配:

此处虽有红色黄色的花朵,但是大面积的运用紫色系的楼斗菜,整个画面显得非常静谧。楼斗菜花朵底部别具特色的距,整个像是一群精灵静止在画中。

△色彩搭配：

这是一个兴奋充满活力的小景观，各色菊花竞相开放姹紫嫣红，远处"站立"着一些庄严的羽扇豆，将这大胆、热烈的景观进行调和，好像在提醒着我们不要太得意忘形。

▽色彩搭配：

海棠树下落英缤纷，即使用了竹条编织的栅栏，也挡不住这满园的春色。

常用花境植物

Part 4

Color & Garden

植物是花境最基本的素材，了解植物的生态习性，能帮助设计师因地制宜地设计出好的花境组合，也有助于花境持续良好的视觉表现。

郁金香'夜皇后'

Tulipa 'Queen of Night'

科　属：百合科，郁金香属
观赏期：3~5月
株　高：24~36cm

生态习性：郁金香有数百品种，多产于地中海沿岸、中亚、土耳其。我国原产约14种，主要分布在新疆。多年生草本。鳞茎扁圆锥形，有淡黄色至棕褐色皮膜。叶3~5枚。花大，单生，直立杯形。分球繁殖为主，也可播种繁殖，秋天种植鳞茎，第二年2月开花。

花园应用：可用低矮的品种布置春季花坛。也可与雏菊、三色堇、紫罗兰、金盏等配置作为早春花境；还可以在草坪边缘呈带状修边布置。高茎品种还可以作为花境的主景花材，也可点缀于灌木间。

蜀葵

Althaea rosea

科　属：锦葵科，锦葵属
观赏期：7~9月
株　高：1~3m

生态习性：原产我国，多年生，常做二年生栽培，近年国内培育出不少新品种。茎直立，全株被柔毛。叶互生，具长柄。花腋生，花瓣5。性喜肥沃、深厚土壤，能耐半阴环境，较喜冷凉气候。播种繁殖，9~10月露地播种。

花园应用：蜀葵植株挺直，叶大花繁，抗寒力强，花园中可沿建筑物种植，或作为花坛的背景，也可以在墙垣、篱笆边种植。

德国鸢尾

Iris germanica

科　属：鸢尾科，鸢尾属
观赏期：春夏季
株　高：90cm

生态习性：全属植物共200多种，分布在整个北温带，我国野生分布45种以上。多年生草本，具根茎或球茎。大多喜欢阳光充足、土质疏松的环境。播种与分株繁殖为主，分株在春秋花后均可进行。主要病害有细菌性软腐病、真菌性腐烂病等。

花园应用：可用于草坪镶边，也可丛植作为花境，还可点缀于池塘、溪流边。鸢尾在花蕾期可以作为表现竖线条的美，花开放后又可以作为主景花，应用在前景、中景。

麦冬

Ophiopogon japonicus

科　属：百合科，沿阶草属
观赏期：5~8月
株　高：6~15cm

生态习性：原产亚洲东部，我国华东、华南和华中均有分布。多年生草本，地下匍匐茎先端或中部膨大成纺锤形肉质块根，地下茎短。叶成禾草状丛生。总状花序，长5cm，有花8~10朵。喜温暖湿润气候，半阴及通风好的环境。分株繁殖。

花园应用：可用于道路镶边，或点缀于山石、台阶间。也可作林下草坪。

喜林草

Nemophila menziesii

科 属：紫草科，喜林草属
观赏期：5~6月
株 高：20~30cm

生态习性：原产北美洲，现主要分布于美国加利福尼亚西海岸。花色一般为蓝色，黑色是其变种。喜阳光充足和疏松肥沃土壤。9月下旬至10月上旬播种繁殖。

花园应用：花多，适于花坛种植及垂吊盆栽。

角堇

Viola cornuta

科 属：堇菜科，堇菜属
观赏期：冬春
株 高：10~20cm

生态习性：原产西班牙。多年生草本，常做一年生栽培。全株光滑，长高后成草甸状匍匐。叶互生，花大腋生，两侧对称。花瓣5，两瓣有附属体。较耐寒，喜阳光充足、冷凉气候和富含腐殖质的土壤，忌炎热和雨涝。

花园应用：角堇是早春最灿烂的花卉，花量大，适合布置花境、点缀草坪边缘，盆栽垂吊似花瀑一般，视觉冲击力极强。

黑法师

Aeonium arboreum

科　属：景天科，莲花掌属
观赏期：观叶植物
株　高：达1m

生态习性：属多浆植物，原产于摩洛哥加那利群岛。植株直立，灌木状；叶片肉质，茎木质化。喜温暖、干燥和阳光充足的环境，耐干旱，不耐寒，在南方地区可以露地越冬，北方冬季需置于室内；稍耐半阴。

花园应用：适合盆栽观赏。

一串红

Salvia splendens var. *atropurpura*

科　属：唇形科，鼠尾草属
观赏期：8~10月
株　高：30~90cm

生态习性：原产南美，现世界各地广为栽培。多年生草本，常做一年生栽培。茎四棱，基部木质化。叶片卵圆形或三角状卵圆形，对生、有柄。总状花序，顶生，苞片卵圆形，花萼钟状，2唇。性喜阳光充足和温暖湿润气候，以及疏松肥沃砂质土壤。播种或扦插繁殖。

花园应用：适合花境布置，还可用于组合盆栽等。

矮牵牛

Petunia hybrida

科　属：茄科，碧冬茄属
观赏期：4~10月
株　高：20~45cm

生态习性：原产南美洲，多年生草本，全株被有腺毛。茎直立或侧卧。卵形叶片对生或互生。花单生于顶端或叶腋处，花冠漏斗形，花萼5列。喜阳和温暖干燥的环境，不耐寒，9~15℃生长良好。播种或扦插繁殖。

花园应用：矮牵牛花期长，花量大，既可装饰花坛、草坪，也可以盆栽垂吊观赏。

鼠尾草

Salvia splendens var. *alba*

科　属：唇形科，鼠尾草属
观赏期：8~10月
株　高：30~90cm

生态习性：原产南美，现世界各地广为栽培。多年生草本，常做一年生栽培。茎四棱，基部木质化。叶片卵圆形或三角状卵圆形，对生、有柄。总状花序，顶生，苞片卵圆形，花萼钟状，2唇。性喜阳光充足和温暖湿润气候，以及疏松肥沃砂质土壤。播种或扦插繁殖。

花园应用：鼠尾草可以片植铺底，其间点缀比它高的其他颜色或花形的花，形成层次立体的花境。

滨菊

Leucanthemum vulgare

科　属：菊科，滨菊属
观赏期：6~7月
株　高：30~70cm

生态习性：原产欧洲比利牛斯山。多年生草本。基生叶具长柄，簇生；茎生叶无叶柄，披针形，边缘具细尖锯齿。花径6~10cm，具香味。喜光，喜肥沃疏松、排水良好的砂质壤土；较耐寒。播种和分株繁殖，秋冬或早春播种育苗。

花园应用：滨菊花朵洁白素雅，花量大，茎秆挺拔，非常适合栽在园路两旁，或点缀于灌木丛前，也可以与其他任何色彩的花搭配，组成花境。

罗勒

Ocimum basilicum

科　属：唇形科，罗勒属
观赏期：7月
株　高：30~60cm

生态习性：分布在亚洲热带及温带地区。一年生草本，全株光滑，或有稀疏柔毛，枝叶极具芳香，茎四棱，多分枝。叶对生，叶背带紫色，叶具柄。轮散花序排成假总状花序，顶生，长可达20cm，花小。果实为坚果，非常芳香。性喜温暖向阳及排水良好的砂壤土，播种繁殖。

花园应用：罗勒为香草植物，可以种在花园菜地周围，还可与其他植物搭配组成花境。

三叶草

Oxalis rubra var. *alba*

科　属：酢浆草科，酢浆草属
观赏期：5~9月
株　高：10~15cm

生态习性：原产南美巴西。多年生草本。叶片基生，具长柄，掌状复叶，小叶3枚，叶片两面有白色绢毛。伞房花序，花朵清晨开放，傍晚闭合。性喜荫蔽、湿润的环境，不耐寒，忌霜冻。播种、分株繁殖。

花园应用：可以盆栽装饰案头、窗台，也可盆栽垂吊，还可作为花坛、园路镶边，也可以种植在乔木树池中。

随意草

Physostegia virdiniana var. *alba*

科　属：唇形科，假龙头花属
观赏期：7~9月
株　高：100cm

生态习性：原产北美。多年生草本，茎直立，丛生，四棱形，地下具匍匐状根茎。叶披针形，有锯齿，先端尖。穗状花序顶生，长达30cm，小花花冠唇形，花筒长2.5cm。结子量多。较耐寒，性喜深厚肥沃、疏松的土壤。4月播种、分株繁殖。

花园应用：也可以在花园用于表现竖线条的美。可作为主景植物与其他花材搭配组成春天烂漫花境。

白晶菊

Chrysanthemum paludosum

科 属：菊科，茼蒿属
观赏期：2~5月
株 高：15~25 cm

生态习性：原产欧洲。一、二年生草本植物。叶基部簇生，匙形，叶互生，一至二回羽裂。头状花序顶生，直径3~4cm，边缘花舌状，中央花呈筒状。喜温暖湿润和阳光充足的环境。较耐寒（能耐-5℃低温），耐半阴。喜疏松肥沃、排水性好的土壤。秋季播种繁殖。

花园应用：可作为冬春季花园的主打花卉，既可以装饰甬道，也可以用于草坪修边，还可以点缀在岩石、灌木丛下；也可以做组合盆栽。

百日草

Zinnia elegans

科 属：菊科，百日草属
观赏期：5~10月
株 高：60~90 cm

生态习性：原产墨西哥。一年生草本。全株具毛，叶对生，卵形或长卵形，基部抱茎。头状花序，直径5~12cm，舌状花，颜色有多种。性强健，喜温暖、向阳，耐干旱，忌酷暑。播种繁殖。

花园应用：百日草花期长，适合布置花境，也可散播于灌木丛中，颇有野趣的味道。

飞燕草

Consolida ajacis

科　属：毛茛科，飞燕草属
观赏期：7月
株　高：30~60cm

生态习性：茎被短柔毛，中部以上分枝。叶片掌状细裂，有短柔毛。花序生茎或分枝顶端；下部苞片叶状，上部苞片小，不分裂，线形；萼片紫色、粉红色或白色，宽卵形。蓇葖果，密被短柔毛，网脉稍隆起，不太明显。喜阳光充足，耐寒耐旱，对土壤要求不严。

花园应用：飞燕草花繁且色艳，适合作线性花材。常作背景花材。

波斯菊

Cosmos bipinnatus

科　属：菊科，秋英属
观赏期：7~10月
株　高：150cm

生态习性：原产墨西哥。一年生草本，叶对生，二回羽状分裂，裂片稀疏线性。头状花序，直径5~8cm，具长梗，舌状花。喜温暖、向阳及通风良好，耐干旱贫瘠。播种繁殖。

花园应用：波斯菊姿态轻盈秀丽，适合作为花境的主景花，可与类似质感的花卉如虞美人、花菱草等搭配散植，营造烂漫花境。

风铃草

Campanula medium

科　属：桔梗科，风铃草属
观赏期：5~6月
株　高：120cm

生态习性：原产南欧。多年生草本。全株具粗毛。总状花序顶生，花冠呈钟状膨大，5裂，直径2~3cm，长约5cm。性喜温暖向阳，耐寒性差，忌干热，在中性或微碱性土壤中生长良好。春季播种繁殖，播种不能过晚，否则第二年全不开花。南方可露地越冬。

花园应用：风铃草花形活泼玲珑，可作为花境的主景花材，矮株形的可以种植在岩石、溪流边。

肥皂草

Saponaria officinalis

科　属：石竹科，肥皂草属
观赏期：7~9月
株　高：30~90cm

生态习性：原产欧洲及西亚。多年生草本，根茎横生。叶对生，长圆状披针形，3脉。顶生聚伞状花序，花有单瓣及重瓣。性强健，耐热也耐寒，不择土壤。播种、分株繁殖，极易自播繁衍。

花园应用：可在花园篱笆、林下种植，也可点缀装饰岩石。或与其他野生花卉搭配组成野趣花境。

蜂室花

Iberis amara

科　属：十字花科，屈曲花属
观赏期：4~6月
株　高：20~30 cm

生态习性：原产地中海地区。二年生草本。叶倒披针形或匙形，有锯齿。总状花序呈球形伞房状，具芳香，花瓣4枚。喜肥沃和排水良好土壤，耐寒。一般秋季播种繁殖，春播7~8月开花。

花园应用：可用于花坛、花境的装饰，还可用作组合盆栽。

凤仙花

Impatiens balasamina

科　属：凤仙科，凤仙属
观赏期：7~10月
株　高：60~100cm

生态习性：一年生草本。茎粗壮，肉质，不分枝或有分枝，无毛或幼时被疏柔毛。叶互生，最下部叶有时对生；叶片披针形、狭椭圆形或倒披针形，长4~12cm、宽1.5~3cm，先端尖或渐尖，基部楔形，边缘有锐锯齿。花单生，无总花梗，白色、粉红色或紫色，单瓣或重瓣；苞片线形，位于花梗的基部；萼片2，卵形或卵状披针形。蒴果，黑褐色。

花园应用：凤仙花花色繁多且艳丽，适于成片种植，或带状植于墙边。

福禄考

Phlox drummondii

科　属：花葱科，福禄考属
观赏期：5~6月
株　高：15~45 cm

生态习性：原产墨西哥。一年生草本。茎直立，多分枝，被腺毛。叶宽卵形、长圆形和披针形，全缘，基叶对生，上部互生。圆锥状聚伞花序顶生，花冠高脚碟状，直径2~2.5cm，裂片5枚。性喜阳光温暖，较耐寒，畏湿热酷暑，喜肥沃疏松、排水良好的土壤。春秋播种繁殖。

花园应用：可作为花坛、花境材料，花团锦簇，可为花园增添无限生气。

苞力花

Acanthus mollis

科　属：爵床科，老鼠簕属
观赏期：7~8月
株　高：80~100cm

生态习性：分布于印度至我国南部沿海，以及澳大利亚等。多年生草本，叶椭圆形有浅裂，表面光滑，边缘波状起伏。花冠白色。喜阳光、耐半阴，喜海滩沙地和肥沃深厚土壤。播种繁殖。

花园应用：可应用于花境。苞力花非常具有野性美，适合用于较大的、自然风格的花园。

禾叶大戟

Euphorbia graminea

科　属：大戟科，大戟属
观赏期：春夏季
株　高：约30~80cm

生态习性：长日照植物，保持日照时间长。生长适温为12~15℃，须经低温春化诱导开花。喜排水良好的肥沃土壤。

花园应用：用于花境，切花，盆栽，吊篮，岩石园，屋顶绿化等。

虎耳草

Saxifraga stolonifera

科　属：虎耳草科，虎耳草属
观赏期：6~8月
株　高：8~45 cm

生态习性：原产我国，多生于海拔1500m以下。多年生草本。叶基生，具丝状匍匐枝，着地可生根另成植株。基生叶具长柄，叶片近心形、肾形至扁圆形，两面被白色茸毛。花稀疏，圆锥花序。喜阴湿环境，不耐长时间低温。匍匐枝分株繁殖。

花园应用：多用于装饰水景中的吸水石，也可于小溪、池塘边栽植。盆栽悬挂廊下，也别具特色。

花葵

Lavatera arborea

科　属：锦葵科，花葵属
观赏期：4~8月
株　高：100cm左右

生态习性：原产西班牙和非洲北部。一年生草本，少分枝，被短柔毛。叶肾形，上部卵形，常3~5裂，边缘锯齿，具较长叶柄。花单生于叶腋间，小苞片3枚，正三角形，花冠直径约6cm，花瓣5枚。性强健，耐寒，喜凉爽、湿润环境和排水良好的土壤。春季播种繁殖，也易自播繁殖。

花园应用：花葵株形较大，常用来作为多层次花境的上层花材。因为性子野，可以紧挨竹篱以及建筑物种植，营造乡村田园的氛围。

花菱草

Eschscholtzia californica

科　属：罂粟科，花菱草属
观赏期：4~8月
株　高：30~60 cm

生态习性：原产美国。为多年生草本植物，常作一、二年生栽培。植株带灰绿色，茎直立，分枝多。叶互生，叶柄长，多回三出羽状深裂至全裂。花单生于茎和分枝顶端，直径5~7cm，花瓣4，花梗长。耐寒力较强，喜冷凉干燥气候、不耐湿热，喜疏松肥沃、排水良好土壤。3月播种繁殖。

花园应用：花菱草质感轻盈，姿态优美，非常适合应用于花境、花坛，营造自然烂漫的风格。

花烟草

Nicotiana alata

科　属：茄科，烟草属
观赏期：5~8月
株　高：60~150cm

生态习性：原产阿根廷和巴西。多年生草本，全体被黏毛。下部叶矩圆形，基部稍抱茎或具翅状柄。假总状花序，花冠淡绿色，筒长5~10cm，直径约3~4mm，花萼杯状或钟状，花冠檐部宽15~25mm，裂片卵形，短尖，蒴果。喜温暖、向阳的环境及肥沃疏松的弱酸性土壤，耐旱不耐寒。1~2月播种繁殖。

花园应用：可用于花境、花坛，应为株形高，花形特别，也可以作为花园夏天花境的主景花材。

金鱼草

Antirrhinum majus

科　属：玄参科，金鱼草属
观赏期：不限，生长期3个月
株　高：30~80 cm

生态习性：原产欧洲南部。多年生直立草本，基部有时分枝，中上部被腺毛。下部叶对生，上部的常互生，具短柄；叶片无毛，披针形至矩圆状披针形，长2~6cm，全缘。总状花序顶生，花冠筒状唇形，3~5cm，密被腺毛，基部在前面下延成兜状，上唇直立2半裂，下唇3浅裂。喜光耐半阴，较耐寒，喜疏松肥沃、排水良好的弱碱性土壤。春秋播种繁殖，也可扦插繁殖。

花园应用：金鱼草为直立花材，可以表现花园竖线条的美。也可以作为花境、花坛的背景花材。

桔梗

Platycodon grandiflorus

科　属：桔梗科，桔梗属
观赏期：7~9月
株　高：20~120cm

生态习性：原产中国。多年生草本，根胡萝卜形。整株光滑，通常不分枝或有时分枝。叶3枚轮生，对生或互生，无柄或有极短柄，无毛；叶片卵形至披针形。花1至数朵生茎或分枝顶端；花萼无毛，有白粉，裂片5，三角形至狭三角形，花冠蓝紫色，宽钟状，直径4~6.5cm，长2.5~4.5cm，无毛，5浅裂。蒴果倒卵圆形。喜半阳半阴，疏松肥沃土壤。秋季播种繁殖。

花园应用：桔梗质感轻盈，姿态优美，可作点缀于花境，作为上层花材。

聚合草

Symphytum officinale

科　属：紫草科，聚合草属
观赏期：5~10月
株　高：30~90 cm

生态习性：原产欧洲。丛生型多年生草本。全株被短硬毛。茎直立，有分枝。基生叶多达百枚，披针形。花冠长14~15mm。抗逆性强，能耐-40℃低温，耐热耐旱，多野生。可分株和切根繁殖。

花园应用：可作为花园地被植物，也可用于花境、花坛。

满天星

Gypsophila paniculata

科　属：石竹科，石头花属
观赏期：6~8月
株　高：30~80 cm

生态习性：原产中国新疆。多年生草本，根粗。茎直立，多分枝。叶片披针形或线状披针形。圆锥状聚伞花序多分枝，疏散，花小而多。耐寒，忌酷热水涝。喜温暖湿润和阳光充足环境，适宜排水良好的微碱性砂壤土生长。

花园应用：可作为地被植物装饰草坪，也可以作为花坛、园路修边。可作为花境远景。

六倍利

Lobelia erinus

科　属：桔梗科，半边莲属
观赏期：7~9月
株　高：12~20 cm

生态习性：原产南非。一年生草本，分枝多。上部叶较小披针形，近基部叶稍大广匙形，叶互生。花顶生或腋出，花冠先端五裂，下部3裂片较大，形似蝴蝶。喜阳光充足和凉爽环境，喜腐殖质丰富土壤。播种繁殖，多摘心可促发分枝，让株形增大饱满。

花园应用：可做花坛花境修边花材，也可以盆栽垂吊，形成花球。

耧斗菜

Aquilegia viridiflora

科　属：毛茛科，耧斗菜属
观赏期：5~7月
株　高：15~60cm

生态习性：原产于欧洲和北美。多年生草本植物，具肥大块根，圆柱形，外皮黑褐色。叶形独特，复叶，小叶片圆形具缺刻，开花前也有较高的观赏价值，开花时花朵下垂。蓇葖果。植株不易倒伏。喜凉爽、畏高温，喜排水良好的砂质壤土。分株繁殖，也可播种繁殖。

花园应用：在花园中，可以突出表现其圆丛壮株形和独特的花形，可用于花境的前、中景。

露薇花

Lewisia cotyledon

科　属：马齿苋科，露薇花属
观赏期：3~6月
株　高：25cm左右

生态习性：原产美国西海岸中部。多年生草本，根肉质，基生莲座叶丛，叶倒卵状，全缘或波状。圆锥花序顶生，花瓣具条脉，8~10瓣。不耐寒，喜干燥，喜半阴，喜排水好的微酸性砂质土壤。播种或分株繁殖。

花园应用：非常适宜用于岩石园，或植于岩石旁边。也可以作为盆栽。

毛地黄

Digitalis purpurea

科　属：玄参科，毛地黄属
观赏期：5~6月
株　高：60~120 cm

生态习性：原产欧洲西部。二年生草本植物。茎直立，叶腺卵状或披针形，被灰白色短柔毛粗糙、皱缩，叶缘锯齿，叶形由下至上渐小。顶生总状花序，长50~80cm，花冠钟状长约7.5cm。性强健、耐寒、耐旱、耐阴、耐瘠薄，忌炎热，喜阳，适宜在湿润而排水良好的土壤上生长。播种繁殖。

花园应用：常用于花境、花坛及岩石园中，还可作自然式花卉布置。

山桃草

Gaura lindheimeri

科　属：柳叶菜科，山桃草属
观赏期：5~8月
株　高：60~100 cm

生态习性：原产于美国。多年生草本。茎直立，常丛生，常有分枝，被柔毛。叶无柄，披针形。穗状花序生于茎枝顶端，长20~50cm，花瓣4，分布排向一侧不均匀。耐寒、耐旱、耐半阴，喜凉爽、湿润和阳光充足。播种繁殖。

花园应用：用于表现竖线条的美，在花园中可作为远景植物。

芍药

Paeonia lactiflora

科　属：毛茛科，芍药属
观赏期：5~6月
株　高：50~110cm

生态习性：原产中国，中国十大名花之一。多年生草本，肉质块根。花大，花瓣可达上百枚。喜光、耐旱、耐寒，喜肥沃、排水良好的砂质土壤。多分株繁殖。

花园应用：芍药花大，姿态华丽，在花园中可以孤植来体现独特的美。也可以用于花境的前景植物，还可以配置在廊架边或入口，也可盆栽。

夏枯草

Prunella vulgaris

科　属：唇形科，夏枯草属
观赏期：4~6月
株　高：20~30 cm

生态习性：原产中国。多年生草本。茎直立，四棱形。茎叶长卵圆形。穗状花序，长约2~4cm。适应性强，多野生。喜温暖湿润、阳光充足环境和排水良好土壤，忌涝。可播种或分株繁殖。

花园应用：可作为地被植物。也可用于直立线条的花境，可作为花境远景。

香雪球

Lobularia maritima

科　属：十字花科，香雪球属
观赏期：5~7月
株　高：10~40 cm

生态习性：原产欧洲、西亚。多年生草本。茎分枝多，容易成丛。叶较小，披针形。伞房花序，花小，量极多，具青香。喜冷凉、干燥和阳光充足，忌涝，稍耐阴。喜疏松土壤。秋季播种繁殖。

花园应用：可作为花境的中、远景花材。也可沿墙垣种植，还可盆栽垂吊，形成花球或花瀑布。

旋花

Calystegia sepium

科　属：旋花科，打碗花属
观赏期：5~7月
株　高：10~50cm

生态习性：广泛分布于我国大部分地区。多年生草本，全株无毛。茎缠绕，有棱，多分枝。单叶互生。花呈喇叭状。性强健，喜阳光充足、温暖湿润环境，对土壤要求不严。播种繁殖。

花园应用：旋花装饰竹篱会给人非常乡村田园的感觉，还可以装饰栏杆、廊架、拱门等。

益母草

Leonurus artemisia

科　属：唇形科，益母草属
观赏期：6~8月
株　高：30~120 cm

生态习性：原产我国。一二年生草本。茎直立，四棱形，被糙毛，多分枝。叶片掌状3裂，粗糙。轮伞花序，花冠唇舌状。喜温暖湿润、阳光充足，对土壤要求不严，忌涝。播种繁殖。

花园应用：花园中点缀种植一些益母草，可增添花园的野趣，可作为花境的中后景植物。

鱼腥草

Houttuynia cordata

科　属：三白草科，蕺菜属
观赏期：6~8月
株　高：20~35 cm

生态习性：原产我国。多年生草本。茎呈扁圆柱形，扭曲。叶互生，叶片卷折皱缩，展平后呈心形，叶柄细长。穗状花序顶生。喜凉爽湿润气候，耐阴。分株繁殖。

花园应用：鱼腥草非常适合在原生态的自然院落种植。可种植于水池、溪边，以及潮湿的灌木丛下，也可装饰砖瓦砌成的台阶、墙垣间隙等。

虞美人

Papaver rhoeas

科　属：罂粟科，罂粟属
观赏期：4~8月
株　高：25~90cm

生态习性：原产欧洲。一年生草本。茎直立，有的分枝，被粗毛。叶互生，披针形，羽状分裂。花单生于茎和分枝顶端，花梗长。花瓣4，质感轻薄。耐寒，不耐湿热。喜阳光充足和通风良好，不喜大肥。播种繁殖。

花园应用：虞美人质感轻盈，风吹似朵朵蝴蝶飞舞，观赏性极强。用作花境可作为前景植物，还可点缀装饰草坪，也可沿篱笆、护栏、墙垣等种植。

羽扇豆

Lupinus micranthus

科　属：豆科，羽扇豆属
观赏期：3~5月
株　高：20~70 cm

生态习性：原产地中海地区。一年生草本。茎直立，基部分枝，全株被棕色或锈色硬毛。掌状复叶，小叶5~8枚。花序极长，顶生，单花唇形。喜气候凉爽，阳光充足，较耐寒，忌炎热，喜疏松肥沃的微酸性土壤。播种或扦插繁殖。

花园应用：用于表现竖线条的美，可用作花境的背景材料，也可做切花。

羽衣甘蓝

Brassica oleracea var. *acephala*

科　属：十字花科，芸薹属
观赏期：全年
株　高：10cm

生态习性：原产地中海地区。二年生草本植物。株形似卷心菜，中心叶片多变如花。喜冷凉气候，极耐寒，不耐涝。播种繁殖。

花园应用：羽衣甘蓝是冬季花园最好的装饰植物之一。可以布置花坛、花境。也可盆栽。

天竺葵

Pelargonium hortorum

科　属：牻牛儿苗科，天竺葵属
观赏期：5~7月
株　高：30~60cm

生态习性：原产非洲南部。多年生草本。基部木质化，上部肉质，多分枝或不分枝，具明显的节，密被短柔毛，具鱼腥味。叶互生。伞形花序腋生，花多。性喜冬暖夏凉，喜阳光充足。喜疏松的砂质壤土，不喜大肥。播种和扦插繁殖。

花园应用：天竺葵非常适合阳台、窗台的布置。欧洲的鲜花窗台，大都有天竺葵的身影。也可用于布置花坛。

朝雾草

Artemisia schmidtianai

科　属：菊科，艾属
观赏期：6~8月
株　高：30~120 cm

生态习性：原产尼泊尔、中国西藏等地，现在全国各地均有种植。喜高山岩石间生长。植株全身呈银白色，茎叶纤细，叶片正反两面被银白色柔毛，像是晨雾，因而得名。可分株繁殖。性喜温暖，不耐寒。

花园应用：朝雾草是百搭的花境配叶植物，可以搭配各种颜色的花卉形成花境。还可以单株盆栽，形成独立景观。

绵毛水苏

Stachys lanata

科　属：唇形科，水苏属
观赏期：全年
株　高：60~80cm

生态习性：我国各地均有栽培。多年生草本，全株密被灰白色绵毛。茎直立、四棱形。叶长圆状卵圆形。轮伞花序。喜光、耐旱、耐寒，可耐-25℃的低温。分株及扦插繁殖。

花园应用：可作为前景植物，与各种花卉搭配组成花境，也适合用于岩石园配置。

老虎须

Tacca chantrieri

科　属：蒟蒻薯科，蒟蒻薯属
观赏期：4~6月
株　高：20~60cm

生态习性：多年生草本。根状茎，近圆柱形。叶片长圆形或长圆状椭圆形，长20~60cm、宽7~14cm，基部楔形或圆楔形，背面细柔毛；叶柄长10~30cm，基部有鞘。伞形花序，紫褐色，外轮花被裂片披针形，内轮花被裂片较宽。浆果肉质，椭圆形。喜阴，不耐强光。对土壤要求不严。

花园应用：花叶都是很好的观赏植物，适种与林下、草地、池边等阴湿环境处。也可盆栽于室内窗下等地。

熏衣草

Lavandula angustifolia

科　属：唇形科，熏衣草属
观赏期：全年
株　高：30~130cm

生态习性：原产欧洲、北非等地，我国新疆伊犁有大量栽培。多年生草本或矮灌木。茎直立，丛生，株高因为品种不同有很大差异。叶片狭长，多披针形，被有稀疏茸毛，对生，灰绿色。轮伞花序在枝顶聚集成间断或近连续的穗状花序，淡紫色。全株散发着浓郁的芳香，因此可用来提炼精油。性喜凉爽干燥以及长日照，耐寒耐旱，可耐-20℃的低温，不耐阴湿。在土层深厚、疏松，以及富含硅和钙的土壤中生长良好。可播种或扦插繁殖。

花园应用：熏衣草株形、花色均典雅优美，是庭院中不可多得的耐寒耐旱植物，尤其适合北方的庭院。可以丛植，也可以条状栽培，与其他植物组成花境。

银叶菊

Senecio cineraria

科　属：菊科，千里光属
观赏期：全年
株　高：50~80cm

生态习性：原产巴西及地中海岸，我国各地广泛栽培。多年生草本。植株整体呈银灰色，多分枝。叶片质地薄，一至二回羽状分裂，叶片两面均被白色短柔毛。头状花序单生，花多紫红色。性喜阳光充足及凉爽湿润的环境，耐寒耐旱，忌高温酷暑。多播种繁殖。

花园应用：是重要的花境配叶植物，可与任何色彩的植物搭配。也是常用的鲜切叶植物。

牛至

Origanum vulgare

科　属：茄科，烟草属
观赏期：7~9月
株　高：60cm

生态习性：原产中国，各地均有分布。多年生草本或半灌木植物。茎直立，四棱形。叶片被柔毛，卵圆形或长卵圆形，植株上下叶片有色差，上面鹅黄绿色，下面淡绿色。花序呈伞房状圆锥花序，花多密集，由小穗状花序组成。喜温暖湿润气候，在中性和微酸性土壤中生长良好。播种或扦插繁殖。

花园应用：可在砾石、砖石铺装中点缀栽培，不适合装饰草坪。

剪秋罗

Lychnis fulgens

科　属：石竹科，剪秋罗属
观赏期：6~7月
株　高：50~80 cm

生态习性：原产中国。多年生草本，全株被柔毛。根为稍带肉质的纺锤形，簇生。叶片长卵状至披针形。聚散花序，单花直径3.5~5cm，花萼呈细筒状，花瓣常5瓣，瓣片深二裂。蒴果。喜凉爽干燥气候，较耐寒，喜光，常生于林间草地，喜排水良好土壤。分株或播种繁殖。

花园应用：可以作为花园入户门花坛、花境的布置。尤其适合岩石园的应用，亦可盆栽。

矮雪伦

Silene pendula

科　属：石竹科，蝇子草属
观赏期：5~6月
株　高：10~30cm

生态习性：分布于地中海地区。二年生草本。丛生，茎呈半匍匐状，全株具白色柔毛。多分枝。叶对生，长卵状披针形。聚伞花序腋生，花瓣倒心形，二裂。花萼长筒状。蒴果。性喜温暖干爽，忌高温多湿，较耐寒耐旱，喜排水良好、疏松肥沃的砂质土壤。秋季播种繁殖。

花园应用：适合布置花坛花境，也可点缀草坪或作为甬道修边，适合在岩石园应用。也可盆栽垂吊，形成花球。

百万小铃

Calibrchoa 'Million Bells'

科　属：茄科，碧冬茄属
观赏期：3~5月
株　高：20~70 cm

生态习性：原产地中海地区。一年生草本。茎直立，基部分枝，全株被棕色或锈色硬毛。掌状复叶，小叶5~8枚。花序极长，顶生，单花唇形。喜气候凉爽，阳光充足，较耐寒，忌炎热，喜疏松肥沃的微酸性土壤。播种或扦插繁殖。

花园应用：用于表现竖线条的美，可用作花境的背景材料，也可做切花。

雏菊

Bellis perennis

科　属：菊科，雏菊属
观赏期：3~6月
株　高：15~20 cm

生态习性：原产欧洲。多年生草本，常作二年生栽培。茎基部叶片簇生呈莲座状。叶片倒卵形。头状花序。喜冷凉气候，耐寒，怕霜冻。播种繁殖。

花园应用：是花园冬季非常理想的装饰花卉。植株小巧玲珑，适合布置花境、花坛，也可作为甬道、草坪修边，还可盆栽等。

翠菊

Callistephus chinensis

科　属：菊科，翠菊属
观赏期：5~10月
株　高：30~100 cm

生态习性：原产中国。一年或二年生草本。根系浅，茎直立，全株被较粗糙的毛。头状花序，单生于茎、枝顶端，具长梗。瘦果。性强健，不耐旱不耐涝，对土壤要求不严。播种繁殖。

花园应用：可布置花坛花境，适合用于原生态、自然风格的花园，可显野趣十足。高秆可作为花境的背景花材。

旱金莲

Tropaeolum majus

科　属：旱金莲科，旱金莲属
观赏期：6~10月
株　高：30~70 cm

生态习性：原产南美，中国广泛栽培。多年生草本，常作一年生栽培。茎叶常肉质，半蔓性。叶互生，叶片圆形。单花腋生，呈喇叭状，直径约2.5~6cm，花瓣5。瘦果。喜温暖湿润气候，忌涝，不耐寒。喜疏松、肥沃、透气性好的土壤。

花园应用：可盆栽装饰阳台、案几，也可种植于花坛。

倒挂金钟

Fuchsia hybrida

科　属：柳叶菜科，倒挂金钟属
观赏期：4~12月
株　高：50~200 cm

生态习性：原产墨西哥，中国广为栽培。多年生半灌木，茎直立，上部多分枝，被柔毛。叶长卵形，对生。花朵似钟状下垂生于精致顶端或叶腋，花梗细而长。不耐寒，喜凉爽湿润环境，忌高温强光，喜疏松肥沃的弱酸性土壤。长江以北地区不能户外越冬。

花园应用：因为花朵形态奇特，非常适合盆栽装饰阳台以及居室案头。也可以盆栽垂吊观赏。

钓钟柳

Penstemon campanulatus

科　属：玄参科，钓钟柳属
观赏期：5~10月
株　高：30~50 cm

生态习性：原产美国。多年生常绿草本，常作一年生栽培。茎直立，全株被毛。叶略带肉质，基生叶卵形，茎生叶披针形。圆锥总状花序顶生，单花花冠筒状，花瓣唇形。喜阳光湿润，不耐寒，在酸性土壤生长不良，喜排水良好的弱碱性砂质土壤。播种、扦插或分株繁殖。

花园应用：钓钟柳花期长，茎直立，适合用作花境背景材料，表现直线条的美。红花与蓝花搭配，可形成视觉对比强烈的效果。

繁星花

Pentas Lanceolata

科　属：茜草科，五星花属
观赏期：3~10月
株　高：30~40 cm

生态习性：多年生草本。茎直立，分枝强，被毛。叶卵形至披针状长圆形，长可达15cm。聚伞花序顶生，小花呈筒状，花冠五裂呈五星状。蒴果。喜光，喜温暖，耐高温干燥，对土壤pH非常敏感，弱酸性土壤中生长良好。播种繁殖。

花园应用：繁星花在花境中适宜作为前景花材，也可以盆栽装饰阳台或案几。

枫叶天竺葵

Pelargonium hortorum

科　属：牻牛儿苗科，天竺葵属
观赏期：5~7月
株　高：30~60 cm

生态习性：见白色天竺葵。与常规品种相比，枫叶天竺葵除了观花外，其叶片似枫叶，金黄色，非常有观赏价值。

花园应用：非常适合阳台、窗台的布置。也可作为彩叶植物用于布置花境、花坛等。

海石竹

Armeria maritima

科　属：蓝雪科，海石竹属
观赏期：3~5月
株　高：20~30cm

生态习性：原产欧洲、南美洲、北美洲。多年丛生状草本。植株低矮，基生叶线状。头状花序呈半球形，顶生，花径约3cm。喜温暖干爽、忌高温高湿，稍耐寒。性喜阳光充足及排水良好的弱酸性砂质壤土。春秋播种或分株繁殖。

花园应用：非常适合用于岩石园庭院。也可盆栽或布置花坛。

亚麻

Linum usitatissimum

科　属：亚麻科，亚麻属
观赏期：6~8月
株　高：30~120cm

生态习性：原产地中海地区。一年生草本。茎直立，上部细软多分枝。叶互生，覆有白霜。花单生于叶腋或茎枝顶端，直径约1.5~2cm，花瓣5。蒴果。喜凉爽湿润气候，较耐寒，忌高温，对土壤要求不严，但以微酸性、疏松肥沃土壤为宜。播种繁殖。

花园应用：亚麻枝细纤弱，富于野趣。可散播于灌木丛间，也可作为花境的背景材料。

红缬草

Valeriana officinalis

科　属：败酱科，缬草属
观赏期：5~7月
株　高：可达150cm

生态习性：生山坡草地、林下、沟边。性喜湿润，宜选地下水位高或低洼地种植。耐涝，也较耐旱。土壤以中性或弱碱性的砂质壤土为宜。

花园应用：矮化红缬草可作镶边植物，长秆可作线性景观。

鸡冠花

Celosia cristata

科　属：苋科，青葙属
观赏期：7~9月
株　高：30~80cm

生态习性：原产非洲、美洲热带。一年生草本。茎直立，少分枝，全株光滑无毛。单叶互生，叶卵状披针形。穗状花序扁平肉质似鸡冠。喜阳光充足、湿热环境，不耐寒，喜疏松肥沃和排水良好的土壤，不耐贫瘠。播种繁殖。

花园应用：可用于布置花坛，也可用作花境铺底材料，还可种植于岩石边。用于田园自然风格的庭院，非常富有野趣。

蔓锦葵

Callirhoe involucrata

科　属：锦葵科，蔓锦葵属
观赏期：6~10月
株　高：20~30cm

生态习性：耐寒、耐旱，不择土壤，以砂质土壤最为适宜。生长势强，喜阳光充足。

花园应用：用于花坛、花境，或作为背景材料。

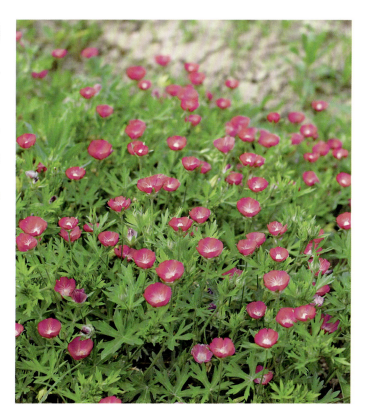

柳穿鱼

Linaria vulgaris

科　属：玄参科，柳穿鱼属
观赏期：6~9月
株　高：30~80cm

生态习性：原产欧亚大陆北部温带地区。常作一二年生栽培。茎直立，上部分枝，全株光滑；部叶轮生，上部叶互生。叶片狭披针形。总状花序扁平肉质似鸡冠。喜阳光充足、湿热环境，不耐寒，喜疏松肥沃和排水良好的土壤，不耐贫瘠。播种繁殖。

花园应用：柳穿鱼为线性花卉，可以用于花境表现竖线条，作为花境的背景花材。

龙面花

Nemesia strumosa

科　属：玄参科，龙面花属
观赏期：3~8月
株　高：30~60cm

生态习性：原产南非。茎直立，多分枝。叶对生，茎叶披针形。总状花序顶生。喜阳光充足和温暖气候，不耐寒，不耐暑热，喜土层深厚、疏松、排水良好的壤土。

花园应用：可用于花境的背景花材。也可栽植于亭、廊等建筑物旁。

落新妇

Astilbe chinensis

科　属：虎耳草科，落新妇属
观赏期：6~9月
株　高：40~80cm

生态习性：我国长江流域中、下游至东北广泛分布。多年生草本，有粗根状茎。基生叶二至三回三出复叶；小叶卵形、菱状卵形或长卵形。圆锥花序长达30cm，密生有褐色曲柔毛，分枝长。喜半阴，适应性强，耐寒，在微酸性和中性砂质壤土中生长良好。播种或分株繁殖。

花园应用：适宜种植溪边和湖畔。也可作花坛和花境植物。矮生类型可布置岩石园。

猫尾红

Acalypha reptans

科　属：大戟科，铁苋菜属
观赏期：自然花期为春秋两季，而在人工栽培的环境中一年四季都可开花。
株　高：10~25cm

生态习性：喜温暖、湿润和阳光充足的环境。但不耐寒冷，在中国北方通常作为温室盆花栽培。喜肥沃的土壤。越冬温度应在18℃以上，12℃以下叶片下垂，长时间低温，会引起叶片脱落。

花园应用：用于花坛美化，吊盆栽植或地被。

美女樱

Verbena hybrida

科 属：马鞭草科，马鞭草属
观赏期：5~11月
株 高：10~50cm

生态习性：喜阳光、不耐阴，较耐寒、不耐旱，北方多作一年生草花栽培，在炎热夏季能正常开花。在阳光充足、疏松肥沃的土壤中生长，花开繁茂。

花园应用：用于城市道路绿化，坡地、花坛等。

美人蕉

Canna indica

科　属：美人蕉科，美人蕉属
观赏期：3~10月
株　高：100~200 cm

生态习性：我国庭院普遍栽培，多年生直立草本，有粗壮的根状茎。全株绿色无毛，被蜡质白粉。单叶互生，质厚，卵状长椭圆形，下部叶较大，叶柄有鞘。顶生总状花序具蜡质白粉，花单生或对生，花瓣3，长约4cm；退化雄蕊1枚反卷，成唇瓣。喜温暖湿润、阳光充足环境，不择土壤，不耐寒。播种或块茎繁殖。

花园应用：可成丛栽植装饰花园建筑的角隅，也可作为花境的背景植物。

红秋葵

Hibiscus coccineus

科　属：马鞭草科，马鞭草属
观赏期：8月
株　高：1~3m

生态习性：红秋葵为短日照喜温性植物，耐热力强，不难霜冻。种植要选在阳光充足、土层深厚肥沃、排水良好的地块。对土壤的适应性广，在黏土或砂质壤土中均可正常生长。忌连作。

花园应用：有些省市庭院偶有引种栽培，供观赏用。

千日红

Gomphrena globosa

科　属：苋科，千日红属
观赏期：7~10月
株　高：20~60cm

生态习性：一年生草本。茎粗壮，有分枝，有灰色糙毛。叶纸质，长椭圆形。花多数，密生，常紫红色，有时淡紫或白色。千日红对环境要求不严，喜阳光，耐干热、耐旱，不耐寒、怕积水，喜疏松肥沃土壤，生长适温为20℃~25℃，冬季温度低于10℃以下植株生长不良或受冻害。耐修剪，花后修剪可再萌发新枝，继续开花。

花园应用：可丛植、片植于花坛，还可作花圈、花篮等装饰品。

白花车轴草

Trifolium repens

科　属：豆科，车轴草属
观赏期：全年
株　高：1~3m

生态习性：多年生草本，茎匍匐，光滑无毛。复叶上有3小叶，倒卵形。头状花序，花梗长。喜温暖湿润气候，适应性强。可作为绿肥。

花园应用：可作为地被植物，也可作为花坛、花境布置。

日日春

Catharanthus roseus

科　属：夹竹桃科，长春花属
观赏期：6~10月
株　高：30~60cm

生态习性：半灌木，全株无毛或有微毛。茎近方形，灰绿色。叶膜质，倒卵状长圆形。聚伞花序，花冠高脚碟状，花冠筒圆筒状。喜温暖、阳光充足和稍干燥的环境，怕严寒忌水湿，对土壤要求不严。

花园应用：常用于花坛、花境的布置，也可盆栽于室内。

穗花婆婆纳

Veronica spicata

科　属：玄参科，婆婆纳属
观赏期：6~9月
株　高：45~90cm

生态习性：茎单生或丛生，不分枝。叶对生，叶片长矩圆形，顶端急尖。花序长穗状，紫色或蓝色。喜光，耐半阴，在各种土壤上均能生长良好，忌冬季土壤湿涝。

花园应用：适于花坛丛植及切花配材。

五色梅

Lantana camara

科　属：马鞭草科，马鞭草属
观赏期：全年
株　高：1~2m

生态习性：灌木。茎枝四方形，有短柔毛。单叶对生，基部口形或楔形，边缘有钝齿。花冠红、黄、橙红色。喜光，喜温暖湿润气候。适应性强，耐干旱瘠薄，但不耐寒，在疏松肥沃排水良好的砂壤土中生长较好。

花园应用：在华南地区可露地植于公园、庭院中。也可于道路两侧、旷野。还可以盆栽于门前、居室等地。

太阳花

Portulaca grandiflora

科　属：马齿苋科，马齿苋属
观赏期：6~9月
株　高：10~30cm

生态习性：一年生草本。茎紫红色，多分枝。叶互生，细圆柱形，无毛。花单生或数朵簇生顶端，花瓣5或重瓣，红色、紫色、黄白色。蒴果。喜光、喜温暖，耐瘠薄，适应能力强，对排水良好的砂质土壤特别钟爱。有光时花开，早、晚、阴天闭合，故有大花马齿苋、午时花之名。

花园应用：常栽植于公园、花圃等地，亦可盆栽于阳台。

夏堇

Torenia fournieri

科　属：玄参科，蝴蝶草属
观赏期：夏季
株　高：15～30cm

生态习性：茎方形，多分枝。叶对生，卵形，有锯齿。花色繁多，唇形。喜光、耐半阴，对土壤要求不严。

花园应用：常植于花坛、花境，也可在草坪作地被植物。

香妃草

科　属：唇形科，香茶菜属
观赏期：全年
株　高：50～80cm

生态习性：茎四棱形，有毛，棕色。叶对生，卵形，光滑，边缘有疏齿。花唇形。喜光，耐热，耐干旱，不耐寒，不耐涝，对土壤要求不严格。

花园应用：既可观叶，又可观花。多用于盆栽花卉，也可与其他植物混合栽植，有香味。

蝇子草

Silene fortune

科　属：石竹科，石竹属
观赏期：5~6月
株　高：15~45cm

生态习性：多年生草本。茎直立，茎节膨大，多分枝，叶无毛。花瓣淡红色，二裂，裂片舌状。生于山坡、林下及杂草丛中。

花园应用：可栽于公园、花圃栽培供观赏。

紫罗兰

Matthiola incana

科　属：十字花科，紫罗兰属
观赏期：4~5月
株　高：可达60cm

生态习性：草本，全株密被灰白色柔毛。茎直立，多分枝，基部稍木质化。叶片长圆形或匙形，全缘或呈微波状。总状花序，花多数，较大，花瓣紫红、淡红或白色。耐寒，不耐阴。喜通风良好的环境，对土壤要求不严，但在排水良好、中性偏碱的土壤中生长较好，忌酸性土壤。

花园应用：适宜于盆栽观赏，适宜于布置花坛、台阶、花径，整株花朵可作为花束。

宿根天人菊

Gaillardia aristata

科　属：菊科，天人菊属
观赏期：5~10月
株　高：60~100cm

生态习性：原产北美洲。多年生草本。全株被有粗节毛。茎大都不分枝。叶片被柔毛，基生叶和上部叶形态上有差异，基生叶有长叶柄。全缘或羽状缺裂，上部叶片无叶柄或抱茎；头状花序。喜光及通风良好环境，耐旱耐热，不耐湿。

花园应用：花期长，可用于花坛，也可装饰草地，还可与野花组成烂漫野趣的花境。

翠芦莉

Aphelandra ruellia

科　属：爵床科，单药花属
观赏期：3~10月
株　高：20~60 cm

生态习性：原产墨西哥，多年生草本。依株高分高性种和矮性种两个类型。单叶对生，线状披针形。花腋生呈漏斗状，5裂。性强健，耐旱也耐湿、耐酷暑、耐轻度盐碱。播种、扦插或分株繁殖。

花园应用：可作为草坪地被，也可成簇栽植在建筑、山石、篱笆旁，富有野趣。高性种还可以作为线形花材与其他花卉搭配组成花境。因为耐高温，所以是夏季花园不可多得的花卉。

大丽花

Dahlia pinnata

科　属：菊科，大丽花属
观赏期：2~6月
株　高：100~150 cm

生态习性：原产墨西哥，多年生草本。有膨大的块根，茎直立，多有分枝。叶对生，一至三回羽状分裂，裂片卵形，锯齿粗钝。头状花序中央有无数黄色的管状小花，边缘是长而卷曲的舌状花，有单瓣和重瓣，有各种绚丽的色彩。喜温暖、湿润和阳光充足环境，凉爽、昼夜温差在10℃以上的地区，生长开花更加适宜。把块根从根颈处切分繁殖。

花园应用：花期超长，从秋到春，连续发花，每朵花可延续1个月，花期持续半年。适宜在花坛、花荃或庭前丛植，矮生品种可作盆栽。花朵用于制做切花、花篮、花环等。

莪术

Curcuma zedoaria

科　属：姜科，姜黄属
观赏期：4~6月
株　高：80~120cm

形态习性：原产中国，多年生草本。根状茎肉质，稍有香味，淡黄色或白色；根细长或末端膨大。叶片椭圆状矩圆形，长25~60cm，宽10~15cm，中部有紫斑，无毛。花莛由根茎发出，常先叶而生。穗状花序阔椭圆形，长6~15cm；苞片卵形至倒卵形；花萼白色，花冠管长2~2.5cm，裂片矩圆形。喜疏松肥沃、排水良好土壤，忌阳光直射。

花园应用：可栽培在林阴下，也作为地被装饰草坪。

蓝盆花

Scabiosa comosa

科　属：川断续科，蓝盆花属
观赏期：5~8月
株　高：20~50cm

生态习性：多年生草本。茎直立。叶对生，基生叶线状披针形，无托叶。头状花序，淡紫色；苞片线状披针形。瘦果。长日照植物，对土壤要求不高。

花园应用：蓝紫色花特别且美丽。常于草坪独立成景，或庭院丛植。

荷包牡丹

Dicentra spectabilis

科　属：罂粟科，荷包牡丹属
观赏期：2~6月
株　高：30~60 cm

生态习性：中国分布在河北和东北，多年生无毛草本。茎直立，圆柱形，带红紫色。叶具长柄，二回三出全裂。总状花序在一侧生下垂的花，苞片钻形，花两侧对称；花瓣长约2.5cm，下部囊状，上部变狭，向外反曲。耐寒，不耐高温，喜半阴，夏季休眠，不耐旱；喜湿润、排水良好的肥沃砂壤土；分株、播种、嫁接，以及侧生根系繁殖。

花园应用：可盆栽或作为切花，也适宜于布置花境和在树丛、草地边缘湿润处丛植。

锦葵

Dahlia pinnata

科　属：锦葵科，锦葵属
观赏期：5~10月
株　高：60~100 cm

生态习性：全国各地均有分布，二年生或多年生草本。茎直立，有分枝，被粗毛。叶心状圆形或肾形，有钝齿；叶柄长8~18cm。花3~11朵簇生于叶腋，小苞片长卵形，花瓣5，长约是花萼3倍。性强健，不择土壤，耐寒、耐旱，喜阳光充足。多播种繁殖。

花园应用：可作为花境植物，不适宜花坛。

金鸡菊

Coreopsis drummondii

科　属：菊科，金鸡菊属
观赏期：7~8月
株　高：40~50 cm

生态习性：我国各地均有分布，多年生宿根草本。叶片多对生，稀互生、全缘、浅裂或切裂。花单生或疏圆锥花序，总苞两列，基部合生，舌状花1列，管状花黄色至褐色。耐寒耐旱，对土壤要求不严，喜光，但耐半阴，适应性强，对二氧化硫有较强的抗性。栽培容易，常能自行繁衍。播种或分株繁殖，夏季也可进行扦插繁殖。花后及时摘去残花，7~8月追一次肥，国庆节可再次开花。

花园应用：冬天庭院中可观叶，也可作为花境材料，或成片种植形成花海。

老鹳草

Geranium wilfordii

科　属：牻牛儿苗科，老鹳草属
观赏期：6~8月
株　高：30~50 cm

生态习性：广泛分布于我国各地，多年生草本，根状茎短而直立。茎细长，下部稍蔓生，假二叉分枝，被倒向的短柔毛。基生叶和下部茎生叶为肾状三角形，基部心形，3深裂，中央裂片稍大，有缺刻或粗锯齿，上下两面有伏毛；花序腋生和顶生，花瓣倒卵形，与萼片近等长，内面基部被疏柔毛。喜温暖湿润及阳光充足的环境，耐寒、耐湿。分根繁殖。

花园应用：可种植在水池岩石边，或灌木下，富有野趣。

青葙

Celosia argentea

科　属：苋科，青葙属
观赏期：5~9月
株　高：30~100cm

生态习性：全国各地均有分布和栽培，一年生草本。全株光滑，茎直立，有分枝。叶矩圆状披针形至披针形，长5~8cm、宽1~3cm。穗状花序长3~10cm；苞片、小苞片和花被片干膜质，可制作干花。喜温暖湿润，喜疏松肥沃土壤。

花园应用：可应用于花坛，也可作为花境的前景植物。属线性花材。

涩荠

Malcolmia africana

科　属：十字花科，涩荠属
观赏期：6~8月
株　高：8~35 cm

生态习性：我国大部分地区均有分布，一年生草本。茎多分枝，有棱角。叶矩圆形，长1.5~8cm、宽5~18mm，先端圆钝，基部楔形、上部叶无柄下部叶柄长3~5mm。总状花序顶生；花梗极短。性强健，广泛生于山野。播种繁殖

花园应用：可布置岩石园，或作为花境前景，还可做切花、装饰花坛。

紫露草

Tradescantia ohiensis

科　属：鸭跖草科，紫露草属
观赏期：6~10月
株　高：25~50cm

生态习性：多年生草本。茎直立。叶互生，线形或披针形。花紫色。萼片3，绿色。蒴果。喜温耐寒，对土壤要求不高，在砂土、壤土中均可正常生长。

花园应用：既能观花观叶，又能净化空气。

五星花

Pentas lanceolata

科　属：茜草科，五星花属
观赏期：夏秋
株　高：30~70cm

生态习性：叶互生，卵形，椭圆形，羽状细裂。聚伞花絮顶生，花冠紫色，无梗，蒴果卵圆形。

花园应用：可用作篱垣，作地被植物，还可进行盆栽观赏，整成各种形状。

香彩雀

Angelonia salicariifolia

科　属：玄参科，香彩雀属
观赏期：全年
株　高：30~80 cm

生态习性：原产南美洲，我国南方栽培广泛，别名天使花、天使草。一年生草本，全体被腺毛。茎直立，常有小分枝。下部叶对生，上部互生，披针形或条状披针形，有疏齿。花单生于叶腋，唇形，花冠筒状，较短，喉部有一对囊。性喜高温多湿、光照充足环境，不择土壤，播种繁殖。

花园应用：可植于花坛、花台，也可栽植在池塘边，作水生植物栽培。

筋骨草

Ajuga ciliata

科　属：唇形科，筋骨草属
观赏期：4~8月
株　高：25~40cm

生态习性：多年生草本。茎四棱形，基部略木质化，紫红色或绿紫色。叶片纸质，卵状椭圆形至狭椭圆形，长4~7.5cm、宽3.2~4cm，基部楔形，叶缘重锯齿。穗状聚伞花序顶生，紫色，具蓝色条纹；苞片叶状，呈紫红色；花梗短，无毛。坚果长圆状或卵状三棱形。喜阴湿环境。

花园应用：可在溪边、草坡、林下等的阴湿处栽植。

月见草

Oenothera biennis

科　属：柳叶菜科，月见草属
观赏期：7~8月
株　高：50~200cm

生态习性：原产北美，中国各地广泛分布。别名夜来香、山芝麻，二年生草本。茎直立，多分枝。基生叶倒披针形，长10~25cm、宽2~4.5cm。花单生叶腋，直径5cm，夜间开放。适应性强，不择土壤，耐瘠耐寒、耐酸耐旱。

花园应用：可盆栽，也可与其他植物搭配形成花境，还可装饰岩石园。

醉蝶花

Cleome spinosa

科　属：山柑科，白花菜属
观赏期：6~9月
株　高：90~120 cm

生态习性：原产美洲热带，中国南方有栽培。一年生草本，有很强的臭味。指状复叶，托叶变成小钩刺。总状花序顶生，花瓣倒卵形，有长爪；苞片单生；萼片条状披针形向外反折；雄蕊较花瓣长2~3倍，形成长须。性喜高温，适应性较强，忌寒冷。播种繁殖。

花园应用：花园栽培可吸引大量蜜蜂。因为花形奇特，适合独立成景栽培，也适合作为花境的中景焦点植物。

金丝桃

Hypericum monogynum

科　属：藤黄科，金丝桃属
观赏期：5~8月
株　高：0.5~1.3m

生态习性：灌木。茎红色，皮层橙褐色。叶对生，倒披针形或椭圆形至长圆形，长2~11.2cm、宽1~4.1cm。花星状，金黄色至柠檬黄色，直径3~6.5cm；苞片小，线状披针形，早落；萼片宽或狭椭圆形至披针形或倒披针形。蒴果宽卵珠形或稀为卵珠状圆锥形至近球形。喜湿润半阴环境，不耐寒。

花园应用：金丝桃花大美丽，观赏性强。可植于庭院，花坛草地等半阴环境处。

糙苏

Phlomis umbrosa

科　属：唇形科，糙苏属
观赏期：6~9月
株　高：50~150cm

生态习性：我国从南到北广泛分布。多年生直立草本，全株疏被毛。根肉质，茎四棱形，多分枝。叶近圆形，长5.2~12cm，具长柄。轮伞花序，其下有被毛的条状钻形苞片；花萼筒状，长约10mm，萼齿顶端具小刺尖，具不明显的小齿，边缘被丛毛。性强健，喜生于疏林下或草坡间，变种极多。种子或扦插繁殖。

花园应用：糙苏，可种植于疏林树下，作为地被植物，也可以装饰花坛。

迎春

Jasminum nudiflorum

科　属：木犀科，素馨属
观赏期：6月
株　高：0.3~5m

生态习性：落叶灌木，直立或匍匐，枝条下垂。枝稍扭曲，光滑无毛，小枝四棱形，棱上具狭翼。叶片和小叶片幼时两面稍被毛。花单生于去年生小枝的叶腋，稀生于小枝顶端。喜光，稍耐阴，略耐寒，耐旱不耐涝。

园林应用：迎春枝条披垂，花色金黄，叶翠绿。林缘、溪畔、墙隅、桥头等地均可栽植，可供早春观花。

短舌匹菊

Pyrethrum parthenium

科　属：菊科，匹菊属
观赏期：7~8月
株　高：15~50 cm

生态习性：原产欧洲，我国各地均有栽培。多年生直立草本。茎自基部或上部分枝。茎生叶具约长10cm的叶柄，上部叶卵形，二回羽状分裂。一回为全裂，二回为羽状浅裂，裂片边缘锯齿。头状花序在茎枝顶端排成复伞房花序。

花园应用：可装饰园路两旁，也可以作为花坛边沿的植物，还可以作为岩石园的点缀植物。

黑心菊

Rudbeckia hirta

科　属：菊科，金光菊属
观赏期：初夏至降霜
株　高：60~100cm

生态习性：一、二年生草本。茎稍分枝，被软毛。叶互生，长椭圆形至狭披针形，边缘具稀锯齿。头状花序，舌状花黄色，管状花暗棕色。适应性很强，耐旱，不耐寒，极易栽培喜排水良好的砂壤土及向阳处栽植。

花园应用：花朵繁盛，适合庭院布置，花境材料，或布置草地边缘自然式栽植。

金光菊

Rudbeckia laciniata

科　属：菊科，金光菊属
观赏期：7~10月
株　高：50~200cm

生态习性：适应性强，性喜通风良好，阳光充足的环境，耐寒耐旱，对土壤要求不严，在排水良好、疏松的砂质土中生长良。

花园应用：金光菊花繁且大，花期长达半年。适合公园、庭院、学校等场所布置。也是切花、瓶插的好材料，此外还可布置草坪边缘成自然式栽植。

金盏菊

Calendula officinalis

科　属：菊科，金盏菊属
观赏期：3~6月
株　高：30~60cm

生态习性：一年生草本，全株被白色茸毛。单叶互生，椭圆形至椭圆状倒卵形，全缘。头状花序单生茎顶，形大，舌状花金黄或橘黄色，筒状花黄色或褐色。瘦果。喜阳光充足，以疏松、肥沃、微酸性土壤最好，能自播，生长快，较耐寒。

花园应用：适用于中心广场、花坛、花带布置，也可作为草坪的镶边花卉或盆栽观赏。长梗大花品种可用于切花。

香茶菜

Rabdosia amethystoides

科　属：唇形科，香茶菜属
观赏期：6~10月
株　高：0.3~1.5米

生态习性：多年生草本。叶对生，卵圆形或卵圆状披针形，先端渐尖，基部楔形，边缘具粗大内弯的锯齿。圆锥花序顶生，紫色；花萼被灰白色柔毛。坚果。喜阳光充足，忌水湿；喜疏松肥沃的土壤。

花园应用：观赏期长，常种于山坡、溪旁、河岸、草丛、路旁。

金雀花

Parochetus communis

科　属：豆科，紫雀花属
观赏期：4~11月
株　高：10~20cm

生态习性：匍匐草本，被稀疏柔毛。根茎丝状，节上生根，有根瘤。掌状三出复叶，长8~20mm、宽10~20mm，基部狭楔形；托叶膜质，无毛，全缘；叶柄细柔，微被细柔毛。伞状花序生于叶腋；萼钟形，密被褐色细毛。荚果线形，无毛。喜光，耐旱、耐瘠薄，萌芽力强，能自然播种繁殖。

花园应用：花色繁多，可植于林缘、山坡、草地。也可植于岩石园中。

万寿菊

Tagetes erecta

科　属：菊科，万寿菊属
观赏期：7~9月
株　高：50~150cm

生态习性：一年生草本。茎直立，粗壮，分枝向上平展。叶羽状分裂，长5~10cm、宽4~8cm，边缘具锐锯齿。头状花序单生，舌状花黄色或暗橙色，管状花花冠黄色；总苞杯状，顶端具齿尖。瘦果线形，被短微毛。喜光，喜阳光充足的环境，对土壤要求不严，以肥沃、排水良好的砂质壤土为好。

花园应用：用来点缀花坛、广场、布置花境，亦可作花丛材料和盆栽；较高的品种可作为背景材料或切花。

委陵菜

Potentilla chinensis

科　属：蔷薇科，委陵菜属
观赏期：4~10月
株　高：20~70cm

生态习性：多年生草本。根粗壮，圆柱形，稍木质化。花茎直立或上升，高20~70cm，叶为羽状复叶，有小叶茎生叶托叶草质，绿色，边缘锐裂。伞房状聚伞花序，萼片三角卵形，花瓣黄色，宽倒卵形，顶端微凹，比萼片稍长；花柱近顶生。瘦果卵球形，深褐色，有明显皱纹。花果期4~10月。

花园应用：生山坡草地、沟谷、林缘、灌丛或疏林下，海拔400~3200m。该种根含鞣质，可提制栲胶；全草入药，能清热解毒、止血、止痢。嫩苗可食并可做猪饲料。分布于中国多地、俄罗斯远东地区、日本、朝鲜。

鹰爪豆

Spartium junceum

科　属：豆科，鹰爪豆属
观赏期：4~7月
株　高：可达3m

生态习性：常绿灌木。茎直立，嫩枝绿色。单叶，叶片狭椭圆形至线状披针形，上面无毛，下面稀被贴伏柔毛。总状花序，单生叶腋，花梗短，小苞片线形；花萼鞘状焰苞形，膜质。荚果线形。喜温暖湿润气候，忌水湿，不耐高温，不耐寒。对土壤要求不严。

园林应用：适合种在草坪或者林下，可以成片种植或者群植等。黄色的小花吸引游人驻足观赏。

矾根

Heuchera micrantha

科　属：虎耳草科，矾根属
观赏期：4~10月
株　高：20~25cm

生态习性：多年生草本。基生叶阔心形。是常用园林景观观叶植物，叶色繁多，适合与各种植物搭配。喜阳耐阴，耐寒，在肥沃、排水良好，富含腐殖质的土壤上生长良好。

花园应用：多用于林下花境花带、地被等庭院绿化。

紫杯花

Nierembergia caerulea

科　属：茄科，杯花属
观赏期：3~9月
株　高：20~50cm

生态习性：多年生草本，种子细小，喜冷凉，不能越夏。

园林应用：适宜在阴凉环境种植。花朵可爱独特，也可做家庭盆栽。

铁筷子

Helleborus thibetanus

科　属：毛茛科，铁筷子属
观赏期：4月
株　高：30~50cm

生态习性：茎高，无毛，上部分枝。基生叶无毛，肾形或五角形，长7.5~16cm，宽14~24cm。花在基生叶刚抽出时开放，淡黄绿色，圆筒状漏斗形，无毛；萼片初粉红色，在果期变绿色。蓇葖果。耐寒，喜半阴潮湿环境，忌干冷。在肥沃深厚土壤中生长良好，在全光照下能提早开花。

花园应用：可作室内盆栽，为草坪及美丽的地被材料，也可盆栽于室内。

野棉花

Anemone vitifolia

科　属：毛茛科，银莲花属
观赏期：7~10月
株　高：60~100cm

生态习性：根状茎斜，木质。基生叶心状卵形，边缘有锯齿，表面疏被短糙毛，背面密被白色短绒毛。聚伞花序，花葶粗壮，有密或疏的柔毛；苞片3；萼片5，白色或带粉红色，倒卵形，外面有白色绒毛。瘦果，密被绵毛。喜温暖，耐寒，怕炎热和干燥，每年夏季和冬季处于休眠和强迫休眠阶段；喜土壤富含腐殖质且稍带黏性。

花园应用：花色淡雅，叶片较花朵大，适宜栽于草坪、林缘等地。

紫苏

Perilla frutescens

科　属：唇形科，紫苏属
观赏期：8~11月
株　高：0.3~2m

生态习性：一年生草本。茎绿色或紫色，四棱形，密被长柔毛。叶阔卵形或圆形，长7~13cm、宽4.5~10cm，膜质或草质，两面绿色或紫色。轮伞花序白色至紫红色，密被长柔毛；苞片宽卵圆形或近圆形，无毛，边缘膜质；花萼钟形，下部被长柔毛，夹有黄色腺点。小坚果近球形，灰褐色，具网纹。适应性强，在排水良好的砂质壤土等都可以。

园林应用：紫苏叶片观赏效果好，风格特别，清新的香味。还能开出紫色的花像薰衣草似的。家庭观赏、食用、庭院栽培均可以。

翠雀

Delphinium grandiflorum

科　属：毛茛科，翠雀属
观赏期：5~10月
株　高：35~65cm

生态习性：耐旱植物，喜光植物。阳性，耐半阴，耐旱，喜光耐半阴，喜凉爽通风、日照充足的干燥环境和排水通畅的砂质壤土。

花园应用：蓝色的翠雀非常小巧可爱，常用于庭院绿化、盆栽观赏。

龙胆

Gentiana scabra

科　属：龙胆科，龙胆属
观赏期：5~11月
株　高：30~60cm

生态习性：多年生草本。茎平卧或直立，具多数粗壮、略肉质的须根。枝下部叶膜质，中、上部叶近革质，先端急尖，基部心形或圆形，粗糙，上面密生极细乳突，下面光滑。花枝单生，黄绿色或紫红色；花蓝紫色，簇生枝顶和叶腋；苞片2，披针形或线状披针形，与花萼近等长；花萼筒倒锥状筒形或宽筒形。蒴果内藏，宽椭圆形。喜光照充足，水分要求适中，在整个生育期干湿平衡，利于生长发育。

花园应用：龙胆适生于高山野外，可片植于林下草地等。

蔓荆

Vitex trifolia

科　属：马鞭草科，牡荆属
观赏期：7月
株　高：1.5~5m

生态习性：落叶灌木，有香味。小枝四棱形，密生细柔毛。通常三出复叶，有时在侧枝上有单叶，小叶片卵形、倒卵形或倒卵状长圆形，长2.5~9cm，宽1~3cm，顶端钝或短尖，基部楔形，全缘，表面绿色，无毛或被微柔毛，背面密被灰白色绒毛。圆锥花序顶生，淡紫色或蓝紫色；花萼钟形。核果近圆形，成熟时黑色。

花园应用：蓝紫色的小花，可植于路旁、林中。

琉璃苣

Borago officinalis

科　属：紫草科，琉璃苣属
观赏期：7月
株　高：可达120cm

生态习性：一年生草本。叶互生，长圆形，粗糙。聚伞花序，星状，蓝色；花梗红色。小坚果，平滑或有乳头状突起。耐旱耐高温，不耐寒，喜疏松肥沃的土壤。

花园应用：可食用，也可植于庭院、草坪、花境观赏。

澳洲蓝豆

Baptisia australis

科　属：豆科，赝靛属
观赏期：4~5月
株　高：50~100cm

生态习性：豆科多年生宿根，原产澳洲。茎直立。羽状复叶。花蝶形，蓝色。黄河以南地区可以露天宿根越冬，喜冷凉、通风、排水良好的环境，忌闷湿。

花园应用：可在花园一隅独立成景，也可栽于草坪等地。

倒提壶

Cynoglossum amabile

科　属：紫草科，琉璃草属
观赏期：5~9月
株　高：可达60cm

生态习性：多年生草本。茎单一或数条丛生，密生贴伏短柔毛。基生叶具长柄，长圆状披针形或披针形，长5~20cm、宽1.5~4cm；茎生叶长圆形或披针形，无柄。圆锥花序蓝色，稀白色；花萼密生柔毛，先端尖。小坚果卵形。耐阴，喜土质以肥沃，排水要求良好的土壤，在黏重的土壤中生长不良。

花园应用：适合庭园丛植或组合盆栽。

莸

Caryopteris divaricata

科　属：马鞭草科，莸属
观赏期：7~8月
株　高：约80cm

生态习性：多年生草本。疏被柔毛或无毛。叶片膜质，长2~14cm、宽1.2~5cm，边缘具粗齿，两面疏生柔毛或背面的毛较密。二歧聚伞花序腋生，紫色或红色；苞片披针形至线形；花萼杯状，外面被柔毛。蒴果黑棕色，无毛，有网纹。

园林应用：蓝色小花适宜种在步道两边，花带。也可片植于花坛中。

百可花

Bacopa diffusus

科　属：玄参科，假马齿苋属
观赏期：5~7月
株　高：15~40cm

生态习性：一、二年生草本；叶对生，叶缘有锯齿，匙形。花单生于叶腋内，白色，具柄；萼片5。蒴果。喜光，不耐热，夏季适当遮阴。

花园应用：百可花娇小可爱，花色淡雅。在花境、花坛中表现很好。

车前叶蓝蓟

Echium plantagineum

科　属：紫草科，蓝蓟属
株　高：20~60cm

生态习性：草本，叶子粗糙有毛。穗状花紫色。

花园应用：花朵小巧可爱，可点缀草坪、花坛。

羽叶熏衣草

Lavandula pinnat

科　属：唇形科，熏衣草属
观赏期：6月
株　高：30~100cm

生态习性：草本。茎四棱形，有毛。叶对生，羽状复叶，被茸毛。花唇形，紫色。喜光，喜干燥，是长日照植物。肥沃、疏松及排水良好的砂质土壤。

园林应用：其花具有芳香，适宜大片植于花坛，或花带。亦可家庭盆栽。

丹麦风铃

Campanula

科　属：桔梗科，风铃草属
观赏期：冬春季
株　高：30~60cm

生态习性：一年生草本。叶卵形，叶缘具波状锯齿。总状花序，花冠钟状有蓝色、紫色、白色等。喜温暖，忌炎热酷暑。三季可开花。

园林应用：丹麦风铃花朵小巧色彩丰富，可以点缀于草坪、路旁、林缘等。也可室内盆栽于桌面、窗台等，是非常好的装饰植物。

勿忘我

Myosotis sylvatica

科　属：紫草科，勿忘草属
观赏期：4~5月
株　高：20~45cm

生态习性：多年生草本。茎直立，通常具分枝，疏生开展的糙毛，有时被卷毛。基生叶和茎下部叶有柄，狭倒披针形、长圆状披针形或线状披针形，长达8cm、宽5~12mm，先端圆或稍尖，基部渐狭。花序在花期短，蓝色，花后伸长；无苞片；花萼果期增大。小坚果卵形，平滑，有光泽。性耐寒，喜凉爽及半阴环境，喜土壤疏松、湿润。

园林应用：花朵小巧，为花坛、花境的好材料，可在岩石园点缀或在坡地片植，还可做切花。

鹅河菊

Brachycome iberidifolia

科　属：菊科
观赏期：夏季
株　高：25cm

生态习性：一年生草本。喜光，忌暴晒。喜肥，喜见干见湿的环境。

花园应用：紧凑的球状植株，花开繁茂，色彩绚丽。即可容器栽培，也可做吊篮。

二月蓝

Orychophragmus violaceus

科　属：十字花科，诸葛菜属
观赏期：4~5月
株　高：10~50cm

生态习性：一年或二年生草本，无毛。茎直立，基部或上部稍有分枝，浅绿色或带紫色。基生叶及下部茎生叶大头羽状全裂，顶裂片近圆形或短卵形，长3~7cm、宽2~3.5cm，顶端钝，基部心形，全缘或有锯齿。花宽倒卵形，紫色、浅红色或褪成白色；花萼筒状，紫色。长角果线形，具4棱。耐阴，对土壤要求不高，一般园土均能生长，也可适应中性或弱碱性土壤。

花园应用：诸葛菜早春花开成片，花期长，适合片植于草坪或作背景植物。也可以用于花境、庭院的美化。

西班牙熏衣草

Spanish lavender

科　属：唇形科，熏衣草属
观赏期：4~10月
株　高：10~50cm

生态习性：小型灌木。茎四棱形，全株被毛。叶对生，有茸毛。花形特殊，肥肥胖胖，唇形。半耐寒，喜阳光充足，耐干，浇水保持土壤稍微湿润即可。

园林应用：花形特殊美观，适合花境栽培，具有芳香，引人入胜。

花叶蔓长春

Vinca major

科　属：夹竹桃科，蔓长春花属
观赏期：3~5月
株　高：可达2米以上

生态习性：蔓性半灌木。花茎直立；除叶缘、叶柄、花萼及花冠喉部有毛外，其余均无毛。叶椭圆形，长2~6cm、宽1.5~4cm，先端急尖，基部下延。花单朵腋生，蓝色；花萼裂片狭披针形。蓇葖果。喜光耐阴，对土壤要求不严，生长快。

花园应用：既是良好的观叶植物，又可观花。适合垂挂于溪边、廊架，也可以栽于草坪、庭院。

藿香

Agastache rugosa

科　属：唇形科，荆芥属
观赏期：6~9月
株　高：0.5~1.5m

生态习性：多年生草本。茎直立，四棱形。叶心状卵形至长圆状披针形，长4.5~11cm、宽3~6.5cm，先端渐尖，基部心形，稀截形，边缘具粗齿，纸质。轮伞花序多花，淡蓝紫色，被腺微柔毛；苞片披针状线形，长渐尖；花萼管状倒圆锥形，萼齿三角状披针形。成熟小坚果卵状长圆形，腹面具棱，褐色。喜高温、阳光充足环境，对土壤要求不严，一般土壤均可生长，但以土层深厚肥沃而疏松的砂质壤土或壤土为佳。

花园应用：藿香具有芳香，可种于庭院一隅。

藿香蓟

Ageratum conyzoides

科　属：菊科，藿香蓟属
观赏期：全年
株　高：50~100cm

生态习性：一年生草本。茎粗壮，不分枝或自基部或自中部以上分枝。茎枝淡红色，或上部绿色，被白色尘状短柔毛或上部被稠密开展的长绒毛。叶对生，有时上部互生，基部钝或宽楔形，顶端急尖，边缘圆锯齿。头状花序在茎顶排成紧密的伞房状花序，淡紫色；总苞钟状或半球形。瘦果黑褐色，5棱，有白色稀疏细柔毛。喜温暖，阳光充足的环境，对土壤要求不严。

花园应用：藿香蓟花色淡雅，可用于小庭院、路边、岩石旁点缀。也可盆栽观赏，或用于切花插瓶或制作花篮。

荆芥

Nepeta cataria

科　属：唇形科，荆芥属
观赏期：7~9月
株　高：40~150cm

生态习性：多年生植物。茎坚强，基部木质化，多分枝，被白色短柔毛。叶卵状至三角状心脏形，长2.5~7cm、宽2.1~4.7cm，先端钝至锐尖，基部心形至截形，边缘具粗圆齿或牙齿，草质，上面黄绿色。花序为聚伞状，白色，下部的腋生，上部的组成连续或间断的、较疏松或极密集的顶生分枝圆锥花序；苞片钻形，细小；花萼外被白色短柔毛。小坚果卵形，几三棱状，灰褐色。喜阳光，对土壤要求不严以在疏松、肥沃的土壤上生长较好。

花园应用：可成片种植于路边、裸露坡地、草坪等。

柳叶马鞭草

Verbena bonariensis

科　属：马鞭草科，马鞭草属
观赏期：5~9月
株　高：1.5m

生态习性：多年生草本。茎四方形，全株被毛。叶狭状披针形，对生。聚伞花序，紫红色。喜温暖，耐旱，不耐寒，对土壤要求不严。

花园应用：用于疏林下、别墅区的景观布置，可以沿路带状栽植丰富路边风景，在柳叶马鞭草下层可配置花叶八宝景天，效果会更好。

迷迭香

Rosmarinus officinali

科　属：唇形科，迷迭香属
观赏期：11月
株　高：2m

生态习性：灌木。茎及老枝圆柱形，皮层暗灰色，幼枝四棱形，密被白色星状细绒毛。叶常在枝上丛生，具极短的柄或无柄，叶片线形，长1~2.5cm、宽1~2mm，先端钝，基部渐狭，全缘，向背面卷曲，革质，上面稍具光泽，近无毛，下面密被白色的星状绒毛。总状花序，蓝紫色；苞片小，具柄；花萼卵状钟形。喜温暖，耐旱，富含砂质排水良好的土壤。

花园应用：植株具有芳香，花朵也小巧玲珑，可成片植于草地、花坛，也可栽于花境。

沙参

Adenophora stricta

科 属：桔梗科，沙参属
观赏期：7~8月
株 高：40~80cm

生态习性：茎不分枝，常被短硬毛或长柔毛，少无毛的。基生叶心形，大而具长柄；茎生叶无柄，或仅下部的叶有极短而带翅的柄，叶片椭圆形，基部楔形，顶端急尖或短渐尖，边缘有不整齐的锯齿，两面疏生短毛或长硬毛，或近于无毛，长3~11cm、宽1.5~5cm。花序常不分枝，蓝色或紫色；花萼常被短柔毛或粒状毛，少完全无毛的，多为钻形，少为条状披针形。蒴果椭圆状球形，极少为椭圆状。喜温暖或凉爽气候，耐寒，虽耐旱，但在生长期中也需要适量水分，以土层深厚肥沃、富含腐殖质、排水良好的砂质壤土栽培为宜。

花园应用：常长于山林中，可植于花坛、花境。也可盆栽于室内。

马蹄莲

Zantedeschia aethiopica

科 属：天南星科，马蹄莲属
观赏期：2~3月
株 高：30~140cm

生态习性：多年生粗壮草本，具块茎。叶基生，较厚，绿色，心状箭形或箭形，先端锐尖、渐尖或具尾状尖头，基部心形或戟形，全缘，长15~45cm、宽10~25cm。肉穗花序圆柱形白色；佛焰苞长，黄色。浆果短卵圆形，淡黄色。

花园应用：马蹄莲花形、花色秀雅，白色的花更是纯洁的象征，可用于庭院草坪等景观。常用作鲜切花花束，亦可室内盆栽。

大花葱

Allium giganteum

科　属：石蒜科，葱属
观赏期：春、夏
株　高：10~60cm

生态习性：多年生草本。叶片丛生，灰绿色，长披针形，全缘，长60cm、宽12cm。伞形花序呈头状，紫红，花序由上千朵星状开展的小花组成，花序硕大如头。蒴果。喜凉爽，喜阳光充足。喜疏松肥沃的沙壤土。

花园应用：大花葱株形挺拔，可用于草坪点缀，丛植于岩石边。也可做切花或用于室内装饰。

杜鹃

Rhododendron simsii

科　属：杜鹃花科，杜鹃属
观赏期：4~5月
株　高：2~5m

生态习性：分枝多，密被糙伏毛。叶革质，卵形，长1.5~5cm、宽0.5~3cm，先端短渐尖，基部楔形或宽楔形。花2~3(~6)朵簇生枝顶，玫瑰色、鲜红色或暗红色；有花梗；花萼5深裂，宿存。蒴果卵球形。喜凉爽，喜通风的环境。喜酸性土壤。

花园应用：杜鹃花花色丰富，花姿秀美，花也均是造景的好材料。可用作绿篱，可独立成景，也可作盆栽等。

瓜叶菊

Pericallis hybrida

科　属：菊科，瓜叶菊属
观赏期：3~7月
株　高：30~70cm

生态习性：多年生草本。茎直立，高30~70cm，被密白色长柔毛。叶具柄；叶片大，长10~15cm、宽10~20cm，顶端急尖或渐尖，基部心形，边缘锯齿，密被绒毛。头状花序，紫红色、淡蓝色，粉红色或近白色；总苞钟状。瘦果长圆形。喜温暖、通风良好的环境，不耐高温，喜阳光充足。喜富含腐殖质而排水良好的砂质土壤。

花园应用：瓜叶菊色彩艳丽，常用作花坛地被。也是室内栽培的常用植物种类。

六月雪

Serissa japonica

科　属：茜草科，白马骨属
观赏期：5~7月
株　高：60~90cm

生态习性：小灌木，有臭气。叶革质，卵形至倒披针形，长6~22mm、宽3~6mm，边全缘，无毛。花单生或数朵丛生于小枝顶部或腋生，淡红色或白色。喜温暖、耐寒、耐寒。喜排水良好疏松的土壤。

花园应用：六月雪花色淡雅，在夏季是很好的观花观叶灌木，洁白的花朵给人凉爽的感觉。

石竹

Dianthus chinensis

科　属：石竹科，石竹属
观赏期：5~6月
株　高：30~50cm

生态习性：多年生草本，全株无毛。茎疏丛生，直立。叶片线状披针形，长3~5cm、宽2~4mm，顶端渐尖，基部稍狭，全缘或有细小齿，中脉较显。花单生枝端或数花集成聚伞花序，紫红色、粉红色、鲜红色和白色；花萼圆筒形，有纵条纹，有缘毛。蒴果圆筒形。耐寒，耐旱，喜阳光充足通风的环境。喜欢疏松肥沃排水良好的土壤。

花园应用：常用于花坛花镜，成片种植。也可室内盆栽或作鲜切花花束等。

郁金香

Tulipa gesneriana

科　属：百合科，郁金香属
观赏期：4~5月
株　高：20~50cm

生态习性：多年生草本。茎叶光滑，被白粉。叶片3~5枚，披针形至卵状披针形。花大，单生，直立杯形。对生长条件要求不严，极具耐寒性。对土壤要求也不严。

花园应用：适宜作花坛中心栽植或丛栽，点缀林缘或灌木丛间。也可供元旦、春节室内装饰，是著名的切花。

欧报春

Primula vulgaris

科　属：报春花科，报春花属
观赏期：11月至翌年2月
株　高：8~15cm

生态习性：多年生，被多细胞柔毛，无粉。叶丛基部无鳞片，边缘具牙齿或圆齿，不分裂，基部渐窄。花序伞形或花单生，花色繁多；花萼钟状。蒴果。

花园应用：花色丰富株丛低矮，适用于花坛地被种植。花期恰逢冬季花少的时节，适合室内观赏。

玛格丽特

Argyranthemum frutescens

科　属：菊科，木茼蒿属
观赏期：2~10月
株　高：高达1m

生态习性：叶宽卵形、椭圆形或长椭圆形，长3~6cm、宽2~4cm。头状花序多数，在枝端排成不规则的伞房花序；苞片边缘膜质。瘦果。喜凉爽，喜湿润，不耐涝。喜欢疏松肥沃的土壤。

花园应用：易于繁殖，花期长，是非常好的花园造景材料。置于室内也是很好的装饰材料。

彩叶草

Dianthus chinensis

科　属：唇形科，鞘蕊花属
观赏期：全年
株　高：20~60cm

生态习性：多年生草本，常作一、二年生栽培。茎4棱形。叶对生，卵圆形，叶缘有锯齿，叶色丰富。顶生总状花序，花小，淡蓝色或白色。喜阳光充足，喜温暖气候。喜欢土壤疏松、肥沃。

花园应用：彩叶草为常见的观叶植物，一年四季均可观赏。常用作花坛、草坪、林下等地方，可以与各种植物搭配，也可以独立成景。室内盆栽亦可。

弹簧草

Albuca namaquensis

科　属：天门冬科，哨兵花属
观赏期：3~4月
株　高：10~30cm

生态习性：多年生鳞茎类肉质植物。肉质叶，线形，先端变细，叶先直立生长，后呈弹簧状。花芽黄绿色，总状花序，小花下垂，花瓣正面淡黄色，背面黄绿色。喜凉爽，喜阳光充足。

花园应用：花色淡雅，极具芳香。叶形独特，观赏性强。适合室内盆栽，摆放在各处都非常具有装饰性。

车轮菊

Gaillardia aristata

科　属：菊科，天人菊属
观赏期：7~8月
株　高：60~100cm

生态习性：多年生草本，全株被粗节毛。基生叶和下部茎叶长椭圆形或匙形，长3~6cm，宽1~2cm，两面被尖状柔毛，叶有长叶柄；中部茎叶披针形、长椭圆形或匙形，长4~8cm，基部无柄或心形抱茎。头状花序，黄色；总苞片披针形，外面有腺点及密柔毛。瘦果长。

花园应用：车轮菊花色艳丽，花期在夏季给人热烈奔放的感觉，常用作花坛、草坪等地。室内盆栽也是不错的选择，窗外露台都具有很好的装饰效果。

硫华菊

Cosmos sulphureus

科　属：菊科，秋英属
观赏期：6~10月
株　高：50~120cm

生态习性：一年生草本，多分枝。叶二回羽状复叶对生，深裂。舌状花，颜色繁多有金黄色、黄色、红色等。瘦果。喜温暖，喜光，不耐寒。对土壤要求不严。

花园应用：硫华菊花色繁多，花色艳丽，常常用来营造花海的感觉，置身其中心情开朗舒适。也是很好的室内盆栽材料。

勋章菊

Gazania rigens

科　属：菊科，勋章菊属
观赏期：4~5月
株　高：20~30cm

生态习性：多年生草本。茎短，叶密生其上。叶片现状披针形至倒卵状披针形，叶缘全缘或略羽状分裂。头状花单生，橙色；总苞片2层。喜温暖，喜凉爽，不耐寒，不耐涝。喜疏松肥沃排水良好的土壤。

花园应用：勋章花株丛低矮，适宜布置花坛、花境，草坪镶边，室内盆栽。

堆心菊

Helenium autumnale

科　属：菊科，堆心菊属
观赏期：7~10月
株　高：高达1m

生态习性：多年生草本。叶披针形，边缘具锯齿。头状花序，舌状花黄色，管状花黄色或带红晕。喜温暖，耐寒，喜欢向阳生长。要求土层深厚、肥沃。

花园应用：庭院中多丛植或大面积背景栽植，也可做切花。

毛蕊花

Verbascum thapsus

科　属：玄参科，毛蕊花属
观赏期：6~8月
株　高：高达1.5m

生态习性：二年生草本，全株被毛。叶倒披针状矩圆形，基部渐狭成短柄状，边缘具浅圆齿。穗状花序圆柱状，黄色；花萼裂片披针形。蒴果卵形，约与宿存的花萼等长。耐寒，不耐高温。喜排水良好的石灰质土壤。

花园应用：花序大，花朵密集，适合于花坛、草坪空隙、花境的栽培。室内盆栽也可以。

蓍草

Achillea wilsoniana

科　属：菊科，蓍属
观赏期：7~9月
株　高：35~100cm

生态习性：多年生草本，有短的根状茎。茎直立，不分枝或有时上部分枝，叶腋常有不育枝。叶无柄，长4~6.5cm、宽1~2cm。头状花序多数，集成复伞房花序；总苞片3层，宽钟形或半球形；边花6~8(16)朵；舌片白色，偶有淡粉红色边缘；管状花淡黄色或白色。瘦果矩圆状楔形，具翅。喜温暖、湿润，耐寒。对土壤要求不严。

花园应用：蓍草喜阴湿环境，适合种植在林荫下，溪边等地。

刺苞菜蓟

Cynara cardunculus

科　属：菊科，菜蓟属
观赏期：7月
株　高：20~100cm

生态习性：多年生草本，上部有分枝。茎枝灰白色，被稠密的茸毛或脱毛。下部叶长椭圆形，长50cm、宽35cm，有叶柄；向上的叶渐小，无叶柄；全部叶上面灰绿色，被稀疏的茸毛，下面灰白色，被稠密的茸毛。头状花序生枝端，植株有少数头状花序，小花蓝色或白色；总苞卵球形，直径6厘米。瘦果，长椭圆形。

花园应用：观赏或食用均可，常常用于草坪等地，可赏花可观叶。

补血草

Limonium sinense

科　属：白花丹科，补血草属
观赏期：4~12月
株　高：15~60cm

生态习性：多年生草本，全株（除萼外）无毛。叶基生，倒卵状长圆形、长圆状披针形至披针形，长4~12（22）cm、宽0.4~2.5（4）cm，先端通常钝或急尖，下部渐狭成扁平的柄。花序伞房状或圆锥状；穗状花序有柄至无柄，排列于花序分枝的上部至顶端；外苞卵形；萼漏斗状，下半部或全部沿脉被长毛，萼檐白色。

花园应用：花朵小，花期长，花质呈干膜质常用作干花束。也是非常好的室内装饰花材。

平卧婆婆纳
Veronica prostrata

科　属：车前科，婆婆纳属
观赏期：3~10月
株　高：10~25cm

生态习性：铺散多分枝草本，多少被长柔毛。叶具短柄，叶片心形至卵形，长5~10mm、宽6~7mm，每边有2-4个深刻的钝齿，两面被白色长柔毛。总状花序很，淡紫色、蓝色、粉色或白色长；苞片叶状；花萼裂片卵形。

花园应用：株形矮小，适合做地被，可用于草坪绿化、林地、花镜等。也可以做室内盆栽。

大蓟
Cirsium japonicum

科　属：菊科，蓟属
观赏期：4~11月
株　高：30~150cm

生态习性：多年生草本。茎直立，分枝或不分枝，全部茎枝有条棱，被长节毛。基生叶较大，全形卵形、长倒卵形、椭圆形或长椭圆形，长8~20cm、宽2.5~8cm，羽状深裂或几全裂，基部渐狭成短或长翼柄。头状花序直立，少有下垂的，小花红色或紫色；总苞钟状。瘦果压扁，偏斜楔状倒披针状。

花园应用：常见的药用植物，也可以用作观赏点缀草坪、花镜边缘等地。

风轮菜

Clinopodium chinense

科　属：唇形科，风轮菜属
观赏期：全年
株　高：1m左右

生态习性：多年生草本。全株密被短柔毛，茎秆四棱形；叶对生，叶片卵圆形，有锯齿，有香味；轮伞花序多花，半球形。西疏松、肥沃、排水良好土壤。春播秋花。

花园应用：适合做组合盆栽填充植物。也可作为林下地被植物。

芙蓉菊

Crossostephium chinense

科　属：菊科，芙蓉菊属
观赏期：全年
株　高：30~60cm

生态习性：多年生常绿半灌木，全株具白色绒毛。叶互生，聚生于枝头，矩勺形或矩倒卵形，全缘，叶色灰白或银白。头状花序在枝头聚成总状花序，小花黄绿色。喜疏松肥沃土壤。

花园应用：是理想的微盆景植物，也可作为切叶，是花园花境中理想的色彩过渡植物。

血苋

Iresine herbstii

科　属：苋科，血苋属
观赏期：全年
株　高：1m左右

生态习性：此为血苋的一个品种——艳红苋。在淮河以南多为多年生植物，北方作为一年生草本来种植。全株鲜红，色彩极为艳丽夺目。耐热耐高温。喜充阳光、水分充足。

花园应用：艳丽的色彩，特别适合作为在花境植物，作为组合盆栽植物也非常出挑。

索引

A
矮牵牛	144
矮雪伦	172
澳洲蓝豆	209

B
白花车轴草	185
白晶菊	148
百可花	211
百日草	148
百万小铃	173
滨菊	146
波斯菊	150
补血草	227

C
彩叶草	223
糙苏	199
朝雾草	169
车轮菊	224
车前叶蓝蓟	211
雏菊	174
刺苞菜蓟	227
翠菊	174
翠芦莉	190
翠雀	207

D
大花葱	219
大蓟	228
大丽花	191
丹麦风铃	212
倒挂金钟	175
倒提壶	210
德国鸢尾	141
钓钟柳	176
杜鹃	219
短舌匹菊	200
堆心菊	225

E
莪术	191
鹅河菊	213
二月蓝	214

F
矾根	205
繁星花	176
飞燕草	149
肥皂草	151
风铃草	150
风轮菜	229
枫叶天竺葵	177
蜂室花	151
凤仙花	152
芙蓉菊	229
福禄考	153

G
莨力花	154
瓜叶菊	220

H
海石竹	177
旱金莲	175
禾叶大蓟	154
荷包牡丹	192
黑法师	143
黑心菊	201
红秋葵	184
红撷草	178
虎耳草	155
花葵	155
花菱草	156
花烟草	156
花叶蔓长春	215
藿香	215
藿香蓟	216

J
鸡冠花	179
剪秋罗	172
角堇	142
金光菊	201
金鸡菊	193
金雀花	203
金丝桃	199
金鱼草	157
金盏菊	202
筋骨草	197
锦葵	193
荆芥	216
桔梗	157

聚合草	158	

L
蓝盆花	192
老鹳草	194
老虎须	170
琉璃苣	209
硫华菊	224
柳穿鱼	180
柳叶马鞭草	217
六倍利	159
六月雪	220
龙胆	208
龙面花	180
耧斗菜	160
露薇花	161
罗勒	146
落新妇	181

M
马蹄莲	218
玛格丽特	222
麦冬	141
满天星	158
蔓锦葵	179
蔓荆	208
猫尾红	181
毛地黄	162
毛蕊花	226
美女樱	182
美人蕉	183
迷迭香	217
绵毛水苏	169

N
牛至	171

O
欧报春	222

P
平卧婆婆纳	228

Q
千日红	184
青葙	194

R
日日春	185

S
三叶草	147
涩荠	195
沙参	218
山桃草	162
芍药	163
蓍草	226
石竹	221
蜀葵	140
鼠尾草	145
随意草	147
穗花婆婆纳	186

T
太阳花	187
弹簧草	223
天竺葵	168
铁筷子	206

W
万寿菊	203
委陵菜	204
五色梅	186
五星花	196
勿忘我	213

X
西班牙熏衣草	214
喜林草	142
夏堇	188
夏枯草	163
香彩雀	196
香茶菜	202
香妃草	188
香雪球	164

S
宿根天人菊	190

X
旋花	164
血苋	230
勋章菊	225
熏衣草	170

Y
亚麻	178
野棉花	206
一串红	143
益母草	165
银叶菊	171
鹰爪豆	204
迎春	200
蝇子草	189
莸	210
鱼腥草	165
虞美人	166
羽扇豆	167
羽叶熏衣草	212
羽衣甘蓝	168
郁金香	221
郁金香'夜皇后'	140
月见草	197

Z
紫杯花	205
紫露草	195
紫罗兰	189
紫苏	207
醉蝶花	198

参考文献

1. Colour by Design. Nori & Sandra Pope
2. 中国科学院中国植物志编辑委员会. 中国植物志[M]. 北京: 科学出版社, 1993.
3. 龙雅宜，许梅娟.常见园林植物认知手册[M].北京：中国林业出版社，2011.
4. 万宏.实用花艺色彩[M].北京：中国林业出版社，2016.

欢迎光临花园时光系列书店

中国林业出版社天猫旗舰店

花园时光微店

扫描二维码了解更多花园时光系列图书

购书电话：010-83143571